Lecture Notes in Mathematics

A collection of informal reports and seminars
Edited by A. Dold, Heidelberg and B. Eckmann, Zürich

Series: Forschungsinstitut für Mathematik, ETH, Zürich · Adviser: K. Chandrasekharan

32

Michel André

Battelle Institute
Advanced Studies Center, Genève

Méthode Simpliciale en Algèbre Homologique et Algèbre Commutative

1967

Springer-Verlag · Berlin · Heidelberg · New York

Library of Congress Catalog Card Number 67-19561. Title No. 7352

METHODE SIMPLICIALE EN ALGEBRE HOMOLOGIQUE ET

ALGEBRE COMMUTATIVE

Ce fascicule est le résultat d'une recherche effectuée en 1965-1966. Il s'agit d'une version plus complète du texte de plusieurs conférences données au "Forschungsinstitut für Mathematik, ETH," dans le cadre du séminaire du Professeur B. Eckmann. Je tiens à remercier vivement tous ceux qui ont eu la gentillesse de m'aider en cours de route, je pense en particulier aux Professeurs B. Eckmann, S. Eilenberg, F. Lawvere et S. MacLane.

Ce fascicule est divisé en deux chapitres, chacun précédé d'une introduction.

Novembre 1966 Michel André

TABLE DES MATIERES

CHAPITRE I. ALGEBRE HOMOLOGIQUE

Considérons un objet N d'une catégorie N quelconque et un foncteur T de N dans une catégorie A abélienne. A cette paire (N,T) on associe des objets d'homologie $H_n(N,T)$, une fois choisis des modèles dans N. La définition est immédiate, lorsque la catégorie M des modèles est petite (paragraphe 1); elle exige quelques préliminaires lorsque la paire $N \supset M$ est seulement "localement petite" (paragraphe 10), condition satisfaite par les paires de catégories que l'on rencontre dans la pratique (paragraphe 9).

La définition des objets d'homologie $H_n(N,T)$ est satisfaisante puisqu'il est possible de retrouver les exemples suivants: les groupes d'homologie d'un espace avec des coefficients locaux (paragraphe 11) ou les foncteurs dérivés d'un foncteur additif (paragraphe 13) ou encore les foncteurs dérivés d'un foncteur construits au moyen d'un cotriple (paragraphe 12). Un autre exemple est traité en détail au cours de la deuxième partie de ces notes et cela grâce aux résultats contenus dans cette première partie. Il s'agit des groupes d'homologie et de cohomologie des algèbres commutatives. Je renvoie à l'introduction du deuxième chapitre pour plus de détails.

En général, et par exemple dans le chapitre II, la catégorie N n'est pas abélienne. Pourtant il est possible de définir une notion raisonnable de résolution (paragraphe 4) qui permet de calculer les objets $H_n(N,T)$ dans certains cas. Pour rendre cette notion de résolution vraiment efficace, il faut utiliser la théorie simpliciale de l'homotopie. Alors il est possible de donner une méthode assez souple pour construire pas à pas des résolutions non-abéliennes (paragraphe 6). Par exemple, il est possible de donner un sens précis et utile (voir chapitre II) à la phrase suivante: une présentation, par générateurs et relations, d'une algèbre est le début d'une résolution de cette algèbre.

1. Définitions. Considérons, comme cela sera le cas tout au long de ce travail, une catégorie $\underline{N}$, une sous-catégorie $\underline{M}$, une catégorie abélienne $\underline{A}$ et un foncteur $T : \underline{M} \longrightarrow \underline{A}$, autrement dit une catégorie avec modèles munis de coefficients. Pour fixer les idées, pensons aux exemples suivants: une catégorie abélienne avec comme modèles les projectifs, une catégorie d'espaces topologiques avec comme modèles les boules de toutes dimensions, une catégorie d'anneaux commutatifs avec comme modèles les anneaux de polynômes à coefficients entiers rationnels. Les conditions suivantes sont supposées satisfaites:

1) la sous-catégorie $\underline{M}$ est petite (la classe des morphismes est un ensemble);
2) la sous-catégorie $\underline{M}$ est pleine (un morphisme de $\underline{N}$ dont la source et le but sont dans $\underline{M}$ appartient à $\underline{M}$);
3) dans la catégorie $\underline{A}$, les sommes directes de tout type existent;
4) dans la catégorie $\underline{A}$, une somme directe de monomorphismes est un monomorphisme (tous les foncteurs sommes directes sont exacts).

Comme on le voit à propos de l'exemple d'une catégorie abélienne avec comme modèles les projectifs, la première condition est gênante sous cette forme, elle doit donc être affaiblie; ce problème sera traité plus tard (paragraphe 10). Par contre, les autres conditions sont généralement satisfaites dans la pratique.

Considérons toujours une catégorie avec modèles munis de coefficients (en abrégé CMC):

$$\underline{N} \supset \underline{M} \xrightarrow{T} \underline{A} .$$

Voici maintenant un complexe, à la base de ce qui va suivre, à la fois très gros et très souple: voir [De], [Nö], [Ro]. En dimension n, pour un objet N de $\underline{N}$, posons

$$C_n(N,T) = \sum_{M_n \xrightarrow[\alpha_n]{} M_{n-1} \cdots \xrightarrow[\alpha_1]{} M_o \xrightarrow[\beta]{} N} TM_n \ .$$

En voici une définition plus explicite. En premier lieu, on définit un ensemble d'indices $I_n(N,T)$; un élément est une chaîne de morphismes dans $\underline{N}$

$$M_n \xrightarrow[\alpha_n]{} M_{n-1} \cdots \xrightarrow[\alpha_1]{} M_o \xrightarrow[\beta]{} N$$

aboutissant à l'objet N, les objets M_i se trouvant dans la sous-catégorie $\underline{M}$. Puis à chaque indice, on fait correspondre un objet de $\underline{A}$

$$\beta(\alpha_1, \alpha_2, \ldots, \alpha_n) = TM_n \ .$$

Enfin on en fait la somme directe. On dénote par $\beta\left[\alpha_1, \alpha_2, \ldots, \alpha_n\right]$ le morphisme canonique de $\beta(\alpha_1, \alpha_2, \ldots, \alpha_n)$ dans $C_n(N,T)$. Par la suite tout morphisme $d : C_n(N,T) \longrightarrow A$ sera défini par ses composantes $d \circ \beta\left[\alpha_1, \alpha_2, \ldots, \alpha_n\right]$. Il nous reste à définir la différentiation du complexe. On pose

$$d_n = \sum_{i=o}^{n} (-1)^i s_n^i \quad : C_n(N,T) \longrightarrow C_{n-1}(N,T)$$

avec les égalités suivantes pour définir les s_n^i:

$$s_n^i \circ \beta\left[\alpha_1, \alpha_2, \ldots, \alpha_n\right] =$$

$$\beta\alpha_1\left[\alpha_2, \ldots, \alpha_n\right] \qquad \text{si} \quad i = o$$

$$\beta\left[\alpha_1, \ldots, \alpha_i\alpha_{i+1}, \ldots, \alpha_n\right] \qquad \text{si} \quad o<i<n$$

$$\beta\left[\alpha_1, \ldots, \alpha_{n-1}\right] \circ T\alpha_n \qquad \text{si} \quad i = n \ .$$

Un calcul formel démontre que

$$s^i_{n-1} \circ s^j_n = s^{j-1}_{n-1} \circ s^i_n \quad \text{pour } o \leqslant i < j \leqslant n \, .$$

Par conséquent $d_{n-1} \circ d_n$ est nul et il s'agit donc d'une différentiation. Voir [CE] p. 174 par exemple. Le complexe $C_*(N,T)$ est donc bien défini. Il est naturel en N de la manière suivante. Pour un morphisme $\omega : N \longrightarrow N'$, on définit le morphisme $C_*(\omega,T)$ comme suit:

$$C_*(\omega,T) \circ \beta \left[\alpha_1, \alpha_2, \ldots, \alpha_n\right] = \omega\beta \left[\alpha_1, \alpha_2, \ldots, \alpha_n\right] .$$

De même, il est naturel en T.

Ceci étant, dénotons par $H_n(N,T)$ le <u>n-ième objet d'homologie</u> du complexe $C_*(N,T)$ défini ci-dessus. Si l'on veut mettre le poids sur la première variable, on parlera du n-ième objet d'homologie de N par rapport à <u>M</u> avec coefficients T. Si l'on veut mettre le poids sur la deuxième variable, on parlera de la valeur en N du n-ième foncteur dérivé de T. Dès maintenant remarquons que c'est la première variable, la variable non-abélienne, qui va nous intéresser par la suite.

Pour les modèles, l'homologie est triviale.

<u>Lemme 1.1. Pour un objet</u> M <u>de la sous-catégorie M, on a les égalités suivantes</u>

$$H_n(M,T) = TM \quad \underline{\text{si}} \quad n = o$$
$$= 0 \quad \underline{\text{si}} \quad n > o .$$

<u>Démonstration.</u> Pour un modèle, le complexe de base peut être augmenté en posant: $C_{-1}(M,T) = TM$ et en définissant $d_o : C_o(M,T) \longrightarrow C_{-1}(M,T)$ par l'égalité suivante: $d_o \circ \beta \left[\ \right] = T\beta$. Ceci étant, il suffit de démontrer que l'homologie du complexe augmenté est nulle. Selon le procédé classique en algèbre homologique, il suffit de construire des morphismes

$$\sigma_n : C_n(M,T) \longrightarrow C_{n+1}(M,T)$$

pour $n \geqslant -1$, tels que les égalités suivantes soient satisfaites:

$$d_{n+1} \circ \sigma_n + \sigma_{n-1} \circ d_n = \mathrm{Id} .$$

Par définition, on a

$$\sigma_n \circ \beta\left[\alpha_1, \alpha_2, \dots . \alpha_n\right] = \mathrm{Id}\left[\beta, \alpha_1, \dots, \alpha_n\right] ,$$

le fait de considérer un objet de $\underline{M}$ permettant d'introduire β à l'intérieur de la parenthèse. Un calcul formel sans intérêt permet de vérifier les égalités. Le lemme est alors démontré.

Par rapport aux coefficients T, on a le comportement simple suivant.

<u>Lemme 1.2. A une suite exacte courte de coefficients</u>

$$\tau : 0 \longrightarrow T' \longrightarrow T \longrightarrow T'' \longrightarrow 0$$

<u>correspond une suite exacte longue en homologie</u>

$$\dots \longrightarrow H_n(N,T') \longrightarrow H_n(N,T) \longrightarrow H_n(N,T'')$$
$$\longrightarrow H_{n-1}(N,T') \longrightarrow \dots \longrightarrow H_o(N,T'') \longrightarrow 0 .$$

Par définition, la suite τ est exacte si et seulement si, pour chaque modèle M, la suite suivante est exacte:

$$0 \longrightarrow T'M \longrightarrow TM \longrightarrow T''M \longrightarrow 0 .$$

La suite exacte longue est naturelle par rapport à N et à τ, comme cela découle de la démonstration.

<u>Démonstration.</u> Reportons-nous à la définition du complexe de base et écrivons l'hypothèse sous la forme suivante: pour tout $(\beta, \alpha_1, \dots, \alpha_n)$ la suite suivante est exacte

$$0 \longrightarrow \beta(\alpha_1, \alpha_2, \dots, \alpha_n)' \longrightarrow \beta(\alpha_1, \alpha_2, \dots, \alpha_n)$$
$$\longrightarrow \beta(\alpha_1, \alpha_2, \dots, \alpha_n)'' \longrightarrow 0 .$$

Par conséquent, en vertu de la condition 4 satisfaite par la catégorie $\underline{A}$ (voir le début de ce paragraphe) on obtient, par somme directe, une suite exacte

$$0 \longrightarrow C_n(N,T') \longrightarrow C_n(N,T) \longrightarrow C_n(N,T'') \longrightarrow 0 .$$

Selon le procédé habituel, voir [CE] p. 58, on déduit de cette suite exacte courte de complexes, une suite exacte longue pour les objets d'homologie. Le lemme est ainsi démontré.

Terminons ce paragraphe par quelques mots sur l'hyperhomologie, voir [CE] p. 362. Au lieu de considérer un seul foncteur T de $\underline{M}$ dans $\underline{A}$, considérons un complexe T_* de tels foncteurs:

$$\cdots\cdots \longrightarrow T_n \longrightarrow T_{n-1} \longrightarrow \cdots\cdots .$$

L'homologie de ce complexe est un foncteur gradué de $\underline{M}$ dans $\underline{A}$ dénoté par $H_n\left[T_*\right]$. En outre, considérons le double complexe $C_*(N,T_*)$ pour tout N. Le n-ième objet d'homologie du complexe simple associé à ce complexe double est appelé le n-ième objet d'hyperhomologie de N par rapport à $\underline{M}$ avec coefficients T_*; on le note par $\overline{H}_n(N,T_*)$. Enfin en chaque dimension p, on a un complexe $H_p(N,T_*)$, dont le q-ième objet d'homologie est dénoté par $H_q\left[H_p(N,T_*)\right]$. On suppose que T_n est le foncteur nul pour n assez petit ($n \leqslant n_0$ fixé). Alors les objets gradués ou bigradués définis ci-dessus apparaissent dans deux suites spectrales.

<u>Lemme 1.3. Ils existent deux suites spectrales en hyperhomologie:</u>

$$\text{I} : H_q\left[H_p(N,T_*)\right] \underset{q}{\Longrightarrow} \overline{H}_n(N,T_*)$$

$$\text{II} : H_p(N,H_q\left[T_*\right]) \underset{p}{\Longrightarrow} \overline{H}_n(N,T_*).$$

<u>Démonstration.</u> Il s'agit des deux suites spectrales du double complexe $C_*(N,T_*)$: voir [CE] p. 330. En effet on a

$$H_p^{I}\, H_q^{II}\left[C_*(N,T_*)\right] = H_p^{I}\left[C_*(N,H_q\left[T_*\right])\right] = H_p(N,H_q\left[T_*\right])$$

en vertu de la condition 4 introduite au début du paragraphe et on a

$$H_q^{II}\, H_p^{I}\left[C_*(N,T_*)\right] = H_q^{II}\left[H_p(N,T_*)\right] = H_q\left[H_p(N,T_*)\right]$$

en utilisant les notations de [CE]. Le lemme est ainsi démontré.

Dans la pratique, une des deux suites spectrales au moins est dégénérée. Ecrivons explicitement la forme complétement dégénérée du lemme ci-dessus.

Lemme 1.4. Supposons satisfaites les deux conditions suivantes:

1) pour tout m, tout N et tout $n \neq o$, $H_n(N,T_m) = 0$

2) pour tout $n \neq o$, $H_n[T_*] = 0$.

Alors on a un isomorphisme canonique

$$H_n[H_o(N,T_*)] \cong H_n(N,H_o[T_*]) .$$

Démonstration. Les deux suites spectrales sont dégénérées. Remarquons que la première condition signifie que, sauf en dimension 0, les foncteurs dérivés non-abéliens des différents T_n sont nuls et que la deuxième condition signifie que, sauf en dimension 0, le complexe T_* est acyclique.

Le lemme ci-dessus donne un procédé de calcul des objets $H_n(N,T)$ pour tous les N à la fois et un T fixé. Nous verrons plus tard un procédé de calcul de $H_n(N,T)$ pour tous les T à la fois et un N fixé, voir le paragraphe 4. Ecrivons donc le lemme ci-dessus dans ce sens-là.

Proposition 1.5. Soient $\underline{N}$ une catégorie, $\underline{M}$ une sous-catégorie pleine et petite et $\underline{A}$ une catégorie abélienne. Considérons un complexe augmenté de foncteurs de $\underline{N}$ dans $\underline{A}$:

$$\cdots \longrightarrow S_n \longrightarrow S_{n-1} \longrightarrow \cdots S_o \longrightarrow S \longrightarrow 0 .$$

On suppose satisfaite les deux conditions suivantes:

1) la restriction du complexe à la sous-catégorie $\underline{M}$ des modèles est acyclique;

2) les foncteurs dérivés (non-abéliens) des différents S_n sont triviaux:

$$\begin{aligned} H_m(N,S_n|\underline{M}) &= S_n \quad \underline{\text{si}} \quad m = o \\ &= 0 \quad \underline{\text{si}} \quad m \neq o . \end{aligned}$$

Alors le n-ième foncteur d'homologie du complexe non-augmenté

$$\cdots\cdot \longrightarrow S_n \longrightarrow S_{n-1} \longrightarrow \cdots\cdot\ S_o \longrightarrow 0$$

est isomorphe au n-ième foncteur dérivé de S, *c'est-à-dire à* $H_n(.,S|\underline{M})$.

Démonstration. Il s'agit du lemme 1.4 avec

$$T_n = S_n|\underline{M} \qquad \text{et} \qquad H_o(.,T_n) = S_n \ .$$

Dans la pratique, il est relativement aisé de construire des complexes augmentés acycliques sur les modèles, mais il est plus difficile de démontrer que les foncteurs entrant en considération ont des dérivés nuls. Ainsi il est de quelque intérêt de considérer le problème d'une manière systématique, ce que nous allons faire dans le paragraphe suivant.

2. Foncteurs à dérivés nuls. Considérons une catégorie $\underline{N}$ et une sous-catégorie pleine et petite $\underline{M}$. Un *souffleur* Λ est défini de la manière suivante:

1) à chaque objet N de $\underline{N}$ correspond un ensemble ΛN de morphismes ayant un modèle comme source et N comme but;

2) à chaque paire de morphismes

$$M \xrightarrow{\sigma} N \xrightarrow{\omega} N'$$

avec σ dans ΛN, correspond un diagramme commutatif

$$\begin{array}{ccc} M & \xrightarrow{\hat{\omega}} & \hat{M} \\ \sigma\downarrow & & \downarrow\hat{\sigma} \\ N & \xrightarrow[\omega]{} & N' \end{array}$$

avec $\hat{\sigma}$ dans $\Lambda N'$.

Un tel diagramme est appelé une *bulle.* Les bulles doivent satisfaire aux axiomes suivants:

3) le diagramme

$$\begin{array}{ccc} M & \xrightarrow{1} & M \\ \sigma\downarrow & & \downarrow\sigma \\ N & \xrightarrow[1]{} & N \end{array}$$

avec σ dans ΛN, est une bulle;

4) par composition horizontale, deux bulles donnent une bulle: si

$$\begin{array}{ccc} M & \xrightarrow{\hat{\omega}} & M' \\ \sigma\downarrow & & \downarrow\sigma' \\ N & \xrightarrow[\omega]{} & N' \end{array} \qquad \text{et} \qquad \begin{array}{ccc} M' & \xrightarrow{\hat{\omega}'} & M'' \\ \sigma'\downarrow & & \downarrow\sigma'' \\ N' & \xrightarrow[\omega']{} & N'' \end{array}$$

sont deux bulles, alors

$$\begin{array}{ccc} M & \xrightarrow{\hat{\omega}' \circ \hat{\omega}} & M'' \\ \sigma\downarrow & & \downarrow\sigma'' \\ N & \xrightarrow[\omega' \circ \omega]{} & N'' \end{array}$$

est une bulle.

Le <u>soufflé</u> ΛS d'un foncteur S de $\underline{N}$ dans une catégorie abélienne $\underline{A}$ est un foncteur de $\underline{N}$ dans $\underline{A}$ défini de la manière suivante. A un objet N correspond la somme directe suivante:

$$\Lambda S(N) = \sum_{M \xrightarrow{\sigma} N} SM$$

avec σ parcourant l'ensemble ΛN. On dénote par (σ) la composante correspondant à σ et par $[\sigma]$ le morphisme canonique de (σ) dans $\Lambda S(N)$. A un morphisme $\omega : N \longrightarrow N'$ correspond le morphisme $\Lambda S(\omega)$ défini par l'égalité suivante:

$$\Lambda S(\omega) \circ [\sigma] = [\hat{\sigma}] \circ S\hat{\omega}$$

associée à la bulle

$$\omega \circ \sigma = \hat{\sigma} \circ \hat{\omega}.$$

On a bien construit un foncteur en vertu des deux axiomes du souffleur Λ; à la bulle du premier axiome correspond l'égalité:

$$\Lambda S(1) \circ [\sigma] = [\sigma]$$

donc $\Lambda S(1) = 1$ et des deux bulles du deuxième axiome, on déduit les égalités suivantes:

$$\Lambda S(\omega'\omega) \circ [\sigma] = [\sigma''] \circ S\hat{\omega}'\hat{\omega} = [\sigma''] \circ S\hat{\omega}' \circ S\hat{\omega}$$

$$= \Lambda S(\omega') \circ [\sigma'] \circ S\hat{\omega} = \Lambda S(\omega') \circ \Lambda S(\omega) \circ [\sigma]$$

donc $\Lambda S(\omega'\omega) = \Lambda S(\omega') \circ \Lambda S(\omega)$.

Enfin il existe une transformation naturelle

$$\gamma S : \Lambda S \longrightarrow S$$

définie par l'égalité suivante:

$$\gamma S(N) \circ [\sigma] = S\sigma .$$

Il s'agit bien d'une transformation naturelle car une bulle est un diagramme commutatif:

$$S\omega \circ \gamma S(N) \circ [\sigma] = S\omega \circ S\sigma = S\omega\sigma = S\hat{\sigma}\hat{\omega}$$

$$= S\hat{\sigma} \circ S\hat{\omega} = \gamma S(N') \circ [\hat{\sigma}] \circ S\hat{\omega} = \gamma S(N') \circ \Lambda S(\omega) \circ [\sigma] .$$

On utilise cette transformation naturelle à l'aide du lemme ci-dessous. Remarquons que pour un foncteur F de $\underline{N}$ dans $\underline{A}$, le complexe $C_*(N,F|\underline{M})$ peut être augmenté, on notera par $C_*^+(N,F)$ ce complexe augmenté pour lequel $C_{-1}^+(N,F) = FN$ et pour lequel $d_o : C_o^+(N,F) \longrightarrow C_{-1}^+(N,F)$ est défini par l'égalité suivante:

$$d_o \circ \beta[\ ] = F\beta .$$

<u>Lemme 2.1. Pour tout</u> N, <u>le morphisme de complexes</u>

$$C_*^+(N,\gamma S) : C_*^+(N,\Lambda S) \longrightarrow C_*^+(N,S)$$

<u>est homotope à</u> 0.

<u>Démonstration.</u> Il nous faut donc définir des morphismes

$$\tau_n : C_n^+(N,\Lambda S) \longrightarrow C_{n+1}^+(N,S)$$

tels que les égalités suivantes soient satisfaites:

$$d_{n+1} \circ \tau_n + \tau_{n-1} \circ d_n = C_n^+(N,\gamma S) .$$

L'objet $C_n^+(N,\Lambda S)$ étant donné par une double somme, il est bon de l'écrire au moyen d'une somme simple. L'ensemble des indices est l'ensemble des chaînes de morphismes du type suivant

$$M \xrightarrow[\sigma]{} M_n \xrightarrow[\alpha_n]{} M_{n-1} \cdots\cdots \xrightarrow[\alpha_1]{} M_o \xrightarrow[\alpha_o]{} N$$

avec σ dans ΛM_n. A cet élément correspond l'objet SM, noté $\alpha_o(\alpha_1, \alpha_2, \ldots\ldots, \alpha_n)\sigma$. On note par $\alpha_o\left[\alpha_1, \alpha_2, \ldots\ldots, \alpha_n\right]\sigma$ le morphisme canonique de $\alpha_o(\alpha_1, \alpha_2, \ldots\ldots, \alpha_n)\sigma$ dans la somme directe $C_n^+(N,\Lambda S)$. En dimension 0, on a $\alpha\left[\;\right]\sigma$ et en dimension -1, on a $\left[\;\right]\sigma$. On pose alors

$$\tau_n = \sum_{i=o}^{n+1} (-1)^i \tau_n^i$$

avec

$$\tau_n^i \circ \alpha_o\left[\alpha_1, \alpha_2, \ldots\ldots, \alpha_n\right]\sigma =$$

$$\alpha_o\left[\alpha_1, \ldots\ldots, \alpha_{i-1}, \tilde{\alpha}_i, \bar{\alpha}_{i+1}, \ldots\ldots, \bar{\alpha}_{n+1}\right]$$

les morphismes restant à définir apparaissant dans le diagramme suivant construit bulle par bulle à partir de la gauche

$$\begin{array}{ccccccc}
M & \xrightarrow{\bar{\alpha}_{n+1}} & \bar{M}_n \;\cdots\cdots & \xrightarrow{\bar{\alpha}_2} & \bar{M}_1 & \xrightarrow{\bar{\alpha}_1} & \bar{M}_o \\
\sigma = \tilde{\alpha}_{n+1} \downarrow & & \downarrow \tilde{\alpha}_n & & \downarrow \tilde{\alpha}_1 & & \downarrow \tilde{\alpha}_o \\
M_n & \xrightarrow[\alpha_n]{} & M_{n-1} \;\cdots\cdots & \xrightarrow[\alpha_1]{} & M_o & \xrightarrow[\alpha_o]{} & N
\end{array}$$

Un calcul formel permet de trouver $d_{n+1} \circ \tau_n + \tau_{n-1} \circ d_n$ égal à $C_n^+(N,\gamma S)$, ce qui achève la démonstration.

Considérons toujours un souffleur Λ pour la paire de catégories $\underline{M} \subset \underline{N}$ et un foncteur S de $\underline{N}$ dans $\underline{A}$. Une Λ-<u>représentation</u> de S est une transformation naturelle $\eta : S \longrightarrow \Lambda S$ telle que le composé $\gamma S \circ \eta$ soit la transformation naturelle identité. Un foncteur S est dit Λ-<u>représentable</u> s'il existe au moins une

Λ-représentation de ce dernier.

Proposition 2.2. Soient Λ un souffleur pour la paire $\underline{M} \subset \underline{N}$ et S un foncteur Λ-représentable.

Alors
$$H_n(N,S|\underline{M}) = SN \quad \text{si} \quad n = 0$$
$$= 0 \quad \text{si} \quad n > 0 .$$

Démonstration. Considérons une Λ-représentation $\eta : S \longrightarrow \Lambda S$. Alors $C_*^+(N,1_S) = C_*^+(N,\gamma S) \circ C_*^+(N,\eta)$ est homotope à 0 en vertu du lemme ci-dessus. Par suite, le complexe $C_*^+(N,S)$ est acyclique, ce qui est une autre manière d'exprimer la conclusion de la proposition.

Par conséquent, dans la proposition 1.5 il est possible de remplacer la deuxième condition par la condition: les S_n sont représentables.

Voici maintenant un exemple de souffleur qui nous permet de retrouver la notion de représentabilité utilisée traditionnellement en topologie algèbrique: voir [Zi] p. 382. Considérons donc une catégorie $\underline{N}$ et une sous-catégorie $\underline{M}$ pleine et petite, la catégorie des modèles. Soient k et h deux fonctions qui à tout morphisme dont la source est un modèle font correspondre un morphisme dont la source est un modèle. On dira que k et h sont des fonctions de dégénérescence si pour tout morphisme α dont la source est un modèle on a

1) $h(\alpha)k(\alpha) = \alpha$
2) $h(h(\alpha)) = h(\alpha)$
3) $h(\beta\alpha) = h(\beta h(\alpha))$
4) $k(\beta\alpha) = k(\beta h(\alpha))k(\alpha)$.

Un morphisme est dit non-dégénéré si $\alpha = h(\alpha)$. On définit alors un souffleur Λ de la manière suivante: l'ensemble ΛN est l'ensemble des morphismes non-dégénérés de but N et une bulle est un diagramme commutatif $\omega \circ \sigma = \hat{\sigma} \circ \hat{\omega}$ avec σ non-dégénéré et $\hat{\sigma}$, $\hat{\omega}$ égaux respectivement à $h(\omega\sigma)$ et $k(\omega\sigma)$. Il reste à vérifier les deux axiomes. Pour le premier, c'est clair car

$$h(1\sigma) = h(\sigma) = \sigma .$$

En utilisant les notations du début du paragraphe, on vérifie le deuxième axiome de la manière suivante. On a donc

$$\sigma' = h(\omega\sigma) \quad \text{et} \quad \hat{\omega} = k(\omega\sigma)$$

$$\sigma'' = h(\omega'\sigma') \quad \text{et} \quad \hat{\omega}' = k(\omega'\sigma')$$

et on en déduit

$$\sigma'' = h(\omega'\sigma') = h(\omega' h(\omega\sigma)) = h(\omega'\omega\sigma)$$

$$\hat{\omega}'\hat{\omega} = k(\omega'\sigma')k(\omega\sigma) = k(\omega' h(\omega\sigma))k(\omega\sigma) = k(\omega'\omega\sigma) \; .$$

Ainsi à une paire de fonctions de dégénérescence correspond un souffleur et par suite une notion de représentabilité.

Un autre exemple apparaîtra dans le paragraphe 12, consacré au cotriples, où il s'agira de la représentabilité au sens de Barr et Beck.

3. Axiomes. Nous allons voir que la théorie introduite au cours du premier paragraphe peut être caractérisée par un système d'axiomes. Ceci nous conduira à voir dans quelle mesure ce qui a été fait jusqu'ici est abélien. Voici, pour commencer, encore un exemple de foncteurs représentables. Considérons toujours la paire $\underline{N} \supset \underline{M}$ et la catégorie abélienne $\underline{A}$. Soit J une fonction qui à chaque modèle M associe un objet JM de $\underline{A}$. On peut lui faire correspondre un foncteur S_J de $\underline{N}$ dans $\underline{A}$, foncteur dit élémentaire et défini comme suit:

$$S_J\, N = \sum_{M \xrightarrow[\sigma]{} N} JM$$

σ parcourant l'ensemble des morphismes ayant comme source un modèle et comme but l'objet N en question. Les foncteurs élémentaires sont intéressants pour les deux raisons suivantes.

Lemme 3.1. Un foncteur élémentaire est représentable.

Démonstration. On utilise le souffleur trivial Λ. L'ensemble ΛN est l'ensemble des morphismes ayant comme source un modèle et comme but l'objet N.

Une bulle est un diagramme

$$\begin{array}{ccc} M & \xrightarrow{1} & M \\ \sigma\downarrow & & \downarrow\omega\sigma \\ N & \xrightarrow[\omega]{} & N' \end{array}$$

En faisant correspondre à $M \xrightarrow{\sigma} N$, la paire

$$M \xrightarrow{1} M \xrightarrow{\sigma} N$$

on obtient une représentation.

Lemme 3.2. Tout foncteur de $\underline{M}$ dans $\underline{A}$ est le quotient de la restriction à $\underline{M}$ d'un foncteur élémentaire.

Démonstration. Soit T un foncteur de $\underline{M}$ dans $\underline{A}$. En particulier T induit une fonction sur les modèles, encore dénotée par T. Considérons le foncteur élémentaire associé S_T. Il existe alors un épimorphisme

$$\tau : S_T | \underline{M} \longrightarrow T .$$

Si $[\sigma]$ est le morphisme canonique de TM' dans $S_T M$ correspondant à $\sigma : M' \longrightarrow M$, on pose

$$\tau M \circ [\sigma] = T\sigma .$$

Il s'agit bien d'un épimorphisme comme on le voit par l'intermédiaire de $[1_M]$.

Venons-en maintenant aux axiomes. La paire $\underline{N} \supset \underline{M}$ et la catégorie $\underline{A}$ sont fixes, le foncteur T de $\underline{M}$ dans $\underline{A}$ est variable, lui seul. Une théorie L de foncteurs dérivés non-abéliens fait correspondre d'une manière naturelle à chaque foncteur T de $\underline{M}$ dans $\underline{A}$ une série de foncteurs $L_n T$ de $\underline{N}$ dans $\underline{A}$ (pour $n \geq o$) et à chaque suite exacte courte de foncteurs de $\underline{M}$ dans $\underline{A}$

$$0 \longrightarrow T' \longrightarrow T \longrightarrow T'' \longrightarrow 0$$

une suite exacte longue de foncteurs de $\underline{N}$ dans $\underline{A}$

$$\cdots\cdots \longrightarrow L_n T' \longrightarrow L_n T \longrightarrow L_n T'' \longrightarrow$$

$$L_{n-1} T' \longrightarrow \cdots\cdots \longrightarrow L_o T'' \longrightarrow 0$$

et cela avec la condition suivante pour les foncteurs élémentaires

$$L_n(S_J|\underline{M}) = S_J \quad \text{si} \quad n = o$$
$$= 0 \quad \text{si} \quad n > o .$$

<u>Proposition 3.3. A un isomorphisme près, il existe une et une seule théorie de foncteurs dérivés non-abéliens.</u>

<u>On a</u> $$L_nT(N) = H_n(N,T) .$$

<u>Démonstration.</u> En premier lieu, démontrons que

$$L_nT(N) = H_n(N,T)$$

donne une théorie de foncteurs dérivés non-abéliens. La suite exacte longue apparaît dans le lemme 1.2. Il reste à vérifier la condition concernant les foncteurs élémentaires:

$$H_n(N,S_J|\underline{M}) = S_J \quad \text{si} \quad n = o$$
$$= 0 \quad \text{si} \quad n > o .$$

Un foncteur élémentaire étant représentable, cela découle de la proposition 2.2. Quant à l'unicité, elle se vérifie de la manière suivante. Pour un foncteur déterminé T, il existe d'après le lemme 3.2, une suite exacte courte de foncteurs de $\underline{M}$ dans $\underline{A}$

$$0 \longrightarrow T' \longrightarrow S_J|\underline{M} \longrightarrow T \longrightarrow 0 .$$

La suite exacte longue donne en particulier une suite exacte

$$0 \longrightarrow L_nT \longrightarrow L_{n-1}T' \longrightarrow L_{n-1}(S_J|\underline{M})$$

pour $n \geqslant 1$. Par conséquent il suffit de démontrer l'unicité en dimension 0. On applique à nouveau le lemme 3.2 pour obtenir une suite exacte courte

$$0 \longrightarrow T'' \longrightarrow S_{J'}|\underline{M} \longrightarrow T' \longrightarrow 0 .$$

Des deux suites exactes longues, on ne retient que les parties suivantes

$$L_oT' \longrightarrow L_o(S_J|\underline{M}) \longrightarrow L_oT \longrightarrow 0$$

$$L_oT'' \longrightarrow L_o(S_{J'}|\underline{M}) \longrightarrow L_oT' \longrightarrow 0$$

d'où une suite exacte

$$L_o(S_{J'} \mid \underline{M}) \longrightarrow L_o(S_J \mid \underline{M}) \longrightarrow L_oT \longrightarrow 0$$

égale à

$$S_{J'} \longrightarrow S_J \longrightarrow L_oT \longrightarrow 0 .$$

Ceci démontre l'unicité en dimension 0.

Comme on le voit à la lumière de cette théorie axiomatique des foncteurs dérivés non-abéliens, tout ce qui a été fait jusqu'à maintenant est en réalité complètement abélien. La catégorie abélienne étudiée est celle des foncteurs de la catégorie des modèles $\underline{M}$ dans la catégorie abélienne $\underline{A}$. Donc en un certain sens nous nous sommes ramenés à l'algèbre homologique classique. On pourrait admettre par suite que la théorie est achevée. Mais adopter ce point de vue dans l'étude des objets $H_n(N,T)$, ce serait geler complètement la variable N. Au contraire, dès le paragraphe suivant, nous allons utiliser cette variable d'une manière explicite. C'est indispensable si l'on veut avoir une bonne notion de résolution non-abélienne, ou encore si l'on veut traiter le cas où la catégorie des modèles n'est pas petite (c'est-à-dire si l'on veut avoir des résultats indépendants de l'univers utilisé si l'on adopte la présentation de la théorie des catégories au moyen d'univers, voir [Ga]). En particulier dans la deuxième partie de ces notes consacrée à l'algèbre commutative tout le poids sera porté sur la variable non-abélienne. Par exemple on saura répondre à la question suivante. Comment peut-on considérer une présentation d'une algèbre par générateurs et relations comme le début d'une résolution non-abélienne?

Pour terminer, notons la généralisation suivante. On considère à nouveau une paire $\underline{N} \supset \underline{M}$ et une catégorie $\underline{A}$. Soit E un ensemble, par exemple l'ensemble des modèles, soit I une fonction de E dans l'ensemble des modèles, par exemple la fonction identité, et soit J une fonction qui à chaque élément e de E associe un objet Je de $\underline{A}$. On peut encore définir un foncteur dit <u>élémentaire</u> de $\underline{N}$ dans $\underline{A}$:

$$S_J^I N = \sum_{e \in E} \; \sum_{\sigma \in \mathrm{Hom}(Ie,N)} Je \; .$$

Le lemme 3.1 est encore valable. On construit une représentation pour le souffleur trivial en faisant correspondre à la paire

$$e, \sigma : Ie \longrightarrow N$$

la paire

$$e,(1,\sigma) : Ie \longrightarrow Ie \longrightarrow N \; .$$

4. Résolutions non-abéliennes. Soit $\underline{N}$ une catégorie quelconque. Associons-lui la catégorie additive $Z\underline{N}$ définie de la manière suivante. Les objets de $Z\underline{N}$ sont les objets de $\underline{N}$ eux-mêmes et les morphismes de $Z\underline{N}$ sont des sommes formelles de morphismes de $\underline{N}$:

$$\mathrm{Hom}_{Z\underline{N}}(N_1,N_2,) = \sum_{\mathrm{Hom}_{\underline{N}}(N_1,N_2)} Z$$

où Z est le groupe des entiers rationnels. Alors $\underline{N}$ peut être considérée comme une sous-catégorie de $Z\underline{N}$. En outre tout foncteur S de $\underline{N}$ dans une catégorie abélienne $\underline{A}$ peut être prolongé en un foncteur additif ZS de $Z\underline{N}$ dans $\underline{A}$ et cela d'une manière unique:

$$(ZS)\; N = SN$$

$$(ZS)\; (\sum z_i \omega_i) = \sum z_i S\omega_i \; .$$

Considérons maintenant une paire de catégories $\underline{N} \supset \underline{M}$. Une **résolution** d'un objet N, ou plus exactement une $\underline{M}$-résolution à gauche, est un complexe augmenté dans $Z\underline{N}$:

$$\cdots\cdots \longrightarrow M_n \xrightarrow[d_n]{} M_{n-1} \cdots\cdots \longrightarrow M_o \xrightarrow[d_o]{} N \longrightarrow 0$$

satisfaisant aux conditions suivantes:

1) les objets M_n sont des modèles
2) pour tout modèle M, le foncteur $\mathrm{Hom}_{Z\underline{N}}(M,.)$ transforme le complexe ci-dessus en un complexe acyclique de groupes abéliens.

D'une manière plus explicite écrivons

$$d_n = \sum z_n^i \, d_n^i$$

où les z_n^i sont des entiers rationnels et les d_n^i des morphismes de source M_n et de but M_{n-1} ou encore N en dimension O. Alors le complexe suivant est supposé acyclique:

$$\cdots \longrightarrow \sum_{\mathrm{Hom}_{\underline{N}}(M,M_n)} Z \xrightarrow{\sum z_n^i \, \partial_n^i} \sum_{\mathrm{Hom}_{\underline{N}}(M,M_{n-1})} Z \longrightarrow \cdots$$

avec

$$\partial_n^i = \sum_{\mathrm{Hom}_{\underline{N}}(M,d_n^i)} Z \, .$$

Les propriétés habituelles des résolutions en algèbre homologique classique réapparaissent ici. Cette notion de résolution non-abélienne est efficace par l'intermédiaire du résultat suivant.

Proposition 4.1. Considérons une catégorie avec modèles munis de coefficients

$$\underline{N} \supset \underline{M} \xrightarrow{T} \underline{A} \, .$$

Soit M_* une $\underline{M}$-résolution à gauche d'un objet N de $\underline{N}$. Considérons enfin le foncteur T rendu additif

$$ZT : Z\underline{M} \longrightarrow A \, .$$

Alors le n-ième objet d'homologie du complexe non-augmenté $(ZT)M_*$ est isomorphe au n-ième objet d'homologie $H_n(N,T)$.

Voilà donc une deuxième méthode de calcul des objets $H_n(N,T)$, la première étant celle de la proposition 1.5. Avant de passer à la démonstration, remarquons qu'il est possible de faire de l'hyperhomologie par rapport à la variable N, comme il en a été par rapport à la variable T, à la fin du premier paragraphe. Si N_* est un complexe dans $\underline{ZN}$, on considère le double complexe $ZC_*(N_*,T)$ qui donne lieu à deux suites spectrales; toutes deux sont dégénérées dans le cas qui nous intéresse.

Démonstration. Considérons donc le double complexe $ZC_*(M_*,T)$. En dimension (p,q), il s'agit alors de l'objet

$$\sum_{M'_p \to M'_{p-1} \cdots \to M'_o \to M_q} TM'_p$$

où tous les objets de la chaîne servant d'indice sont des modèles et où seul M_q est fixé. Ce double complexe donne lieu à deux suites spectrales: voir [CE] p. 330. Le terme E^1 de la première suite, celle où q est le degré filtrant, est facile à calculer; il s'agit des objets $H_p(M_q,T)$, tous nuls sauf pour p = o où l'on a TM_q. Par conséquent, la première suite spectrale est dégénérée et fait intervenir en dimension n, le n-ième objet d'homologie du complexe $(ZT)M_*$, ce qui, pour ainsi dire, démontre la première moitié de la proposition.

Considérons maintenant la deuxième suite spectrale, celle où p est le degré filtrant. Dans le calcul du terme E^1, on peut considérer la partie initiale

$$M'_p \to M'_{p-1} \cdots \to M'_o$$

de la chaîne servant d'indice comme étant fixée. On rencontre donc le complexe suivant

$$\sum_{\mathrm{Hom}_{\underline{N}}(M,M_*)} A$$

où

$$M = M'_o \quad \text{et} \quad A = \sum_{M'_p \to \cdots M'_o} TM'_p$$

en l'occurence. Nous verrons ci-dessous que l'homologie de ce complexe est nulle, sauf en dimension 0, où l'on obtient

$\sum\limits_{\mathrm{Hom}_{\underline{N}}(M,N)} A$ c'est-à-dire dans le cas qui nous concerne

$$M'_p \longrightarrow M'_{p-1} \cdots\cdots \longrightarrow M'_o \longrightarrow N \qquad \sum^{TM'_p} .$$

Ainsi la deuxième suite spectrale est dégénérée et fait intervenir en dimension n, le n-ième objet d'homologie $H_n(N,T)$. Par conséquent la démonstration est achevée , une fois démontré le lemme des coefficients universels ci-dessous.

Soient $\underline{E}$ la catégorie des ensembles et $Z\underline{E}$ la catégorie additive correspondante. Soit $\underline{A}$ une catégorie abélienne avec sommes directes de tout type. A tout objet A de $\underline{A}$ et à tout complexe E_* de $Z\underline{E}$:

$$\cdots\cdots \longrightarrow E_n \longrightarrow E_{n-1} \longrightarrow \cdots\cdots \longrightarrow E_o \longrightarrow 0$$

correspondent des objets d'homologie $H_n(E_*;A)$ définis à l'aide du complexe

$$\cdots\cdots \longrightarrow \sum_{E_n} A \longrightarrow \sum_{E_{n-1}} A \longrightarrow \cdots\cdots \longrightarrow \sum_{E_o} A \longrightarrow 0 .$$

On a alors le résultat suivant.

<u>Lemme 4.2. Si les groupes d'homologie</u> $H_n(E_*;Z)$ <u>pour les entiers rationnels</u> Z <u>sont tous nuls, alors les objets d'homologie</u> $H_n(E_*;A)$ <u>pour</u> A <u>quelconque sont tous nuls.</u>

On applique ce lemme dans la démonstration de la proposition ci-dessus à l'aide du complexe **(augmenté)** $\mathrm{Hom}_{\underline{N}}(M,M_*)$.

<u>Démonstration.</u> Pour un objet A d'une catégorie abélienne $\underline{A}$ définissons la catégorie additive suivante dénotée par $\hat{A}$. Les objets de $\hat{A}$ sont les ensembles et les morphismes sont les suivants

$$\mathrm{Hom}_{\hat{A}}(E,E') = \mathrm{Hom}_{\underline{A}}(\sum_E A, \sum_{E'} A) .$$

Il existe alors un diagramme commutatif de foncteurs

où $\underline{Ab}$ désigne la catégorie des groupes abéliens. Les foncteurs
ω et α prolongent d'une manière additive les deux foncteurs
canoniques de $\underline{E}$ dans $\hat{Z}$ et $\hat{A}$ respectivement. Les foncteurs ω' et
α' envoient l'objet E sur les objets

$$\sum_E Z \quad \text{et} \quad \sum_E A$$

respectivement, les morphismes restant inchangés. Quant au
dernier foncteur a, il est le suivant. A un objet E de $\hat{Z}$
correspond l'objet E de $\hat{A}$. Quant aux morphismes ils sont trans-
formés, pour une paire d'objets E et E', par l'intermédiaire de
l'homomorphisme canonique

$$\text{Hom}_{\underline{Ab}}(\sum_{E'} Z, \sum_E Z) \longrightarrow \text{Hom}_{\underline{A}}(\sum_{E'} A, \sum_E A)$$

qui s'écrit encore sous la forme

$$\prod_{E'} \sum_E Z \longrightarrow \prod_{E'} \text{Hom}_{\underline{A}}(A, \sum_E A)$$

et qui est alors défini par l'intermédiaire de l'homomorphisme
canonique défini ci-dessous

$$\sum_E Z \longrightarrow \text{Hom}_{\underline{A}}(A, \sum_E A).$$

Au générateur canonique du groupe $\sum_E Z$ correspondant à un élément
e de E, on fait correspondre le morphisme canonique de A dans
$\sum_E A$ correspondant à cet indice e. Il est alors clair qu'il s'agit
d'un foncteur et que le diagramme est commutatif. Ceci étant,
passons à la démonstration du lemme. Remarquons que le foncteur
ω' fait de $\hat{Z}$ une sous-catégorie pleine de $\underline{Ab}$.

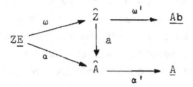

Par hypothèse le complexe de groupes abéliens $\sum_{E*} Z$ est acyclique. Chacun des groupes de ce complexe est libre. Par conséquent le morphisme identité de ce complexe est homotopiquement nul : $Id = \sigma\partial + \partial\sigma$. Ceci est encore vrai dans la sous-catégorie $\hat{Z}$. Donc on a le résultat analogue dans $\hat{A}$ et par suite dans $\underline{A}$. Le complexe $\sum_{E*} A$ est donc acyclique, ce qui démontre le lemme.

Dans la pratique les résolutions non-abéliennes que l'on rencontre découlent d'objets simpliciaux. Les groupes d'homologie apparaissant dans la deuxième condition sont alors des groupes d'homologie singulière. Comme nous le verrons dans plusieurs exemples, on démontre que ces groupes d'homologie sont nuls en vérifiant que les groupes d'homotopie le sont.

<u>5. Homotopie simpliciale.</u> Considérons une catégorie $\underline{N}$. Un objet simplicial N_* est une collection d'objets de $\underline{N}$

$$\ldots .\ N_n,\ N_{n-1},\ \ldots .,\ N_o$$

reliés par des morphismes de deux types

$$\tilde{\epsilon}^i_n : N_n \longrightarrow N_{n-1} \quad \text{avec} \quad o \leq i \leq n > o$$

$$\tilde{\eta}^i_n : N_n \longrightarrow N_{n+1} \quad \text{avec} \quad o \leq i \leq n$$

satisfaisant aux conditions suivantes:

1) $\tilde{\epsilon}^i_{n-1}\,\tilde{\epsilon}^j_n = \tilde{\epsilon}^{j-1}_{n-1}\,\tilde{\epsilon}^i_n \quad (o \leq i < j \leq n)$

2) $\tilde{\eta}^j_n\,\tilde{\eta}^i_{n-1} = \tilde{\eta}^i_n\,\tilde{\eta}^{j-1}_{n-1} \quad (o \leq i < j \leq n)$

3) $\tilde{\epsilon}^i_{n+1}\,\tilde{\eta}^j_n = \tilde{\eta}^{j-1}_{n-1}\,\tilde{\epsilon}^i_n \quad (o \leq i < j \leq n)$

4) $\tilde{\epsilon}^i_{n+1}\,\tilde{\eta}^j_n = Id \quad (i = j, j + 1, o \leq j \leq n)$

5) $\tilde{\epsilon}^i_{n+1}\,\tilde{\eta}^j_n = \tilde{\eta}^j_{n-1}\,\tilde{\epsilon}^{i-1}_n \quad (o \leq j < i-1 \leq n)$.

Il est facile d'associer à un objet simplicial N_* un complexe dans $Z\underline{N}$, que l'on notera encore par N_*:

$$\cdots \longrightarrow N_n \xrightarrow{\sum_{i=0}^{n} (-1)^i \tilde{\epsilon}_n^i} N_{n-1} \longrightarrow \cdots .$$

Un objet simplicial augmenté est un objet simplicial N_* accompagné d'un morphisme

$$\tilde{\epsilon}_o^o : N_o \longrightarrow N_{-1}$$

satisfaisant à la condition

$$\tilde{\epsilon}_o^o \tilde{\epsilon}_1^o = \tilde{\epsilon}_o^o \tilde{\epsilon}_1^1 .$$

Il lui correspond évidemment un complexe augmenté dans $Z\underline{N}$.

Considérons maintenant un ensemble simplicial E_* augmenté ou non et en même temps le complexe associé dans $Z\underline{E}$, la catégorie des ensembles rendue additive. Un élément de E_n est appelé un n-simplexe. Comme pour n'importe lequel complexe de $Z\underline{E}$, à tout objet A d'une catégorie abélienne $\underline{A}$, il correspond des objets d'homologie $H_n(E_*,A)$. Il est intéressant en particulier de considérer les groupes d'homologie entière $H_n(E_*,Z)$ et de savoir quand ils sont nuls. Dans la pratique, on peut résoudre ce problème par des méthodes homotopiques. Je vais donc rappeler le minimum de ce qu'il faut savoir d'homotopie simpliciale pour pouvoir lire ces notes. On peut utiliser comme référence le travail original [Ka] .

Un <u>complexe de Kan</u> est un ensemble simplicial satisfaisant à la condition suivante. Pour toute paire d'entiers (k,n) avec $o \leq k \leq n$ et pour tout ensemble de n (n-1)-simplexes

$$e^o, e^1, \ldots, e^{k-1}, e^{k+1}, \ldots, e^n$$

avec

$$\tilde{\epsilon}_{n-1}^{j-1} e^i = \tilde{\epsilon}_{n-1}^{i} e^j \quad \text{pour} \quad i<j, \ i \neq k \neq j$$

il existe un n-simplexe e avec

$$\tilde{\epsilon}_n^i \, e = e^i \qquad \text{pour} \quad i \neq k .$$

Remarquons qu'à tout 0-simplexe e correspond d'une manière canonique un n-simplexe $\tilde{\eta}^n e$

$$\tilde{\eta}^n e = \tilde{\eta}_{n-1}^{i_{n-1}} \, \tilde{\eta}_{n-2}^{i_{n-2}} \ldots \tilde{\eta}_o^{i_o} \, e$$

avec $o \leq i_k \leq k$ quelconque. Un 0-simplexe e d'un complexe de Kan augmenté est dit <u>presque trivial</u> si la condition suivante est satisfaite. Pour tout simplexe e_n avec

$$\tilde{\epsilon}_n^i \, e_n = \tilde{\epsilon}_n^i \, \tilde{\eta}^n e \qquad o \leq i \leq n$$

il existe un simplexe e_{n+1} avec

$$\tilde{\epsilon}_{n+1}^o \, e_{n+1} = e_n$$

$$\tilde{\epsilon}_{n+1}^i \, e_{n+1} = \tilde{\eta}^n e \qquad o < i \leq n+1$$

Un complexe de Kan augmenté est dit <u>presque trivial</u> si la condition suivante est satisfaite. Tout élément de E_{-1} est l'image d'un 0-simplexe presque trivial. On peut vérifier que tous les 0-simplexes sont alors presque triviaux. Cette notion est utile grâce au résultat suivant qui est le théorème d'Hurewicz sous sa forme la plus faible.

<u>Proposition 5.1. Les groupes d'homologie entière $H_n(E_*, Z)$ d'un complexe de Kan augmenté E_* presque trivial sont tous nuls.</u>

Considérons maintenant un groupe simplicial comme exemple d'ensemble simplicial. La situation est alors simplifiée car par translation on peut toujours se ramener à l'élément unité pour vérifier une condition ou l'autre. On a le résultat suivant.

Proposition 5.2. Un groupe simplicial augmenté E_* est un complexe de Kan augmenté. Il est presque trivial si et seulement si

1) un 0-simplexe au moins est presque trivial (par exemple l'unité du groupe E_o)
2) l'homomorphisme $\tilde{\varepsilon}_o^o : E_o \longrightarrow E_{-1}$ est surjectif.

Considérons enfin un groupe abélien simplicial augmenté G_*. Puisque nous sommes dans une catégorie abélienne, nous pouvons considérer le complexe suivant:

$$\dots \longrightarrow G_n \xrightarrow{\sum_{i=o}^{n}(-1)^i \tilde{\varepsilon}_n^i} G_{n-1} \longrightarrow \dots\ G_{-1} \longrightarrow 0$$

et les groupes d'homologie de ce complexe dénotés par $H_n(G_*)$ à ne pas confondre avec les groupes d'homologie $H_n(G_*,Z)$. Moore a démontré le résultat suivant qui jouera un rôle essentiel par la suite.

Proposition 5.3. Un groupe abélien simplicial augmenté G_* est presque trivial si et seulement si tous ses groupes d'homologie $H_n(G_*)$ sont nuls.

Pour la démonstration, voir [Ca]. Ainsi nous savons maintenant pour un groupe abélien simplicial augmenté G_* que si tous les groupes $H_n(G_*)$ sont nuls alors tous les groupes $H_n(G_*,Z)$ sont nuls. C'est essentiellement sous cette forme que les résultats rappelés dans ce paragraphe seront utilisés.

Pour les ensembles simpliciaux augmentés ne satisfaisant pas à la condition de Kan on peut aussi définir une bonne notion de presque-trivialité et obtenir une généralisation de la proposition 5.1. Dans ce qui va suivre je ne tiendrai pas compte de cette possibilité car dans tous les exemples que nous rencontrerons, la condition de Kan sera satisfaite.

Considérons à nouveau une paire de catégories $\underline{N} \supset \underline{M}$. Une <u>résolution simpliciale</u> d'un objet N est un objet simplicial M_* de $\underline{M}$, avec une augmentation $M_o \longrightarrow N$, qui satisfait à la condition suivante. Pour tout modèle M, le foncteur $Hom_{\underline{N}}(M,.)$ transforme l'objet simplicial augmenté en question en un complexe de Kan augmenté presque trivial. Il est alors clair que la proposition 5.1 donne le résultat suivant.

<u>Proposition 5.4. Considérons une paire de catégories $\underline{N} \supset \underline{M}$ et un objet N de $\underline{N}$. Le complexe dans $Z\underline{N}$ associé à une résolution simpliciale de N est une résolution non-abélienne de N.</u>

On peut alors calculer les objets $H_n(N,T)$ à l'aide du complexe suivant

$$\cdots\cdots \longrightarrow TM_n \xrightarrow{\sum(-1)^i T\varepsilon_n^i} TM_{n-1} \longrightarrow \cdots\cdots TM_o \longrightarrow 0 \ .$$

C'est ce que nous aurons l'occasion de faire souvent par la suite.

<u>6. La construction pas à pas.</u> Il s'agit essentiellement de la construction de Dold-Puppe: [DP] p. 218. Comme nous l'avons vu dans le paragraphe précédent, les objets simpliciaux augmentés sont aptes à jouer un rôle important dans le calcul des objets $H_n(N,T)$. Aussi dans ce paragraphe il sera question d'une technique de construction de tels objets. Il s'agit d'une construction qui se fait pas à pas:

$$N_{-1}, \text{ puis } N_o, \text{ puis } N_1, \ldots, \text{ puis } N_n \ \ldots\ .$$

A chaque pas, un choix d'un certain morphisme doit être effectué, ce qui fait l'intérêt de cette construction. Dans ce paragraphe, ce choix ne sera jamais fait explicitement; par conséquent aucun résultat n'apparaîtra, mais nous aurons à disposition un outil efficace pour traiter divers exemples plus tard. Nous verrons alors qu'en choisissant habilement les morphismes en question, et cela en général d'une manière non canonique, nous parviendrons à construire des résolutions simpliciales d'objets N jouissant d'une propriété supplémentaire qui peut être fort utile dans une démonstration ou l'autre. Par exemple en algèbre commutative, le début de la résolution peut être donné au départ par une présentation de N au moyen de générateurs et de relations ou encore une hypothèse noethérienne peut être introduite.

Considérons une paire de catégories $\underline{N} \supset \underline{M}$ jouissant des propriétés suivantes:

1) la somme directe (coproduit) de deux objets de $\underline{N}$ existe toujours;
2) la somme directe de deux modèles est un modèle;
3) la catégorie $\underline{N}$ a un objet conul $*$: pour tout objet N, il existe un et un seul morphisme $0 : * \longrightarrow N$;
4) pour tout modèle M, il existe au moins un morphisme $M \longrightarrow *$.

Un modèle M avec un tel morphisme $M \longrightarrow *$ est dit copointé. On désigne alors encore par 0 le morphisme composé $M \longrightarrow * \longrightarrow N$. Donc chaque fois que la notation $0 : M \longrightarrow N$ apparaîtra, il sera sous-entendu que le modèle M a déjà été copointé. Dans la seconde partie de ces notes, les modèles copointés seront des algèbres libres avec générateurs.

Considérons maintenant un objet N de $\underline{N}$ et nous allons construire un objet simplicial augmenté N_* jouissant des propriétés suivantes

1) $N_{-1} = N$.
2) N_n est un modèle copointé pour $n \geqslant o$.

La construction se fait inductivement et à chaque pas on peut choisir arbitrairement un morphisme $M_i \xrightarrow{\omega_i} N_{i-1}$ (le but seul étant déjà construit) satisfaisant à la condition

$$\tilde{\epsilon}^j_{i-1}\, \omega_i = 0 \qquad o \leqslant j \leqslant i-1$$

(le modèle M_i doit donc être copointé). D'une manière plus explicite, la construction se déroule selon le schéma suivant:

Pas 0 : on part avec $N_{-1} = N$, puis on choisit un morphisme $\omega_o : M_o \longrightarrow N$ où M_o est un modèle copointé. On pose alors

$$N_o = M_o \qquad \text{et} \qquad \tilde{\epsilon}_o^o = \omega_o \ .$$

Pas n : la situation est la suivante. Sont déjà construits

les objets $\quad N_{-1}, N_o, \ldots\ldots, N_{n-1}$

les morphismes $\tilde{\epsilon}_i^j : N_i \longrightarrow N_{i-1}$ pour $o \leq i < n$

les morphismes $\tilde{\eta}_i^j : N_i \longrightarrow N_{i+1}$ pour $o \leq i < n-1$

en outre on ne sait pas encore si les relations entre les morphismes de face $\tilde{\epsilon}$ et de dégénérescence $\tilde{\eta}$ déjà construits sont satisfaites, enfin sont déjà choisis

les morphismes $\omega_i : M_i \longrightarrow N_{i-1}$ pour $o \leq i < n$.

Alors on choisit un morphisme

$$\omega_n : M_n \longrightarrow N_{n-1} \qquad \text{avec} \qquad \tilde{\epsilon}_{n-1}^i \, \omega_n = 0$$

puis on en déduit selon un processus décrit ci-dessous

le modèle copointé N_n

les faces $\tilde{\epsilon}_n^i : N_n \longrightarrow N_{n-1}$

les dégénérescences $\tilde{\eta}_{n-1}^i : N_{n-1} \longrightarrow N_n$.

Une fois la construction achevée, on vérifie une fois pour toutes que les relations entre faces et dégénérescences sont satisfaites.

Décrivons maintenant le processus qui permet d'effectuer le n-ième pas de la construction à partir de ω_n et de ce qui est déjà construit. On notera $\sigma : [i] \longrightarrow [j]$ une application croissante au sens large de l'ensemble ordonné (0, 1, ..., i) dans l'ensemble ordonné (0, 1, ..., j). Alors on posera

$$N_n = \sum_{\sigma : [n] \longrightarrow [m]} M_m$$

pour tous les σ surjectifs, n étant fixé et m variable. Les σ entrant en question sont en nombre fini. Par conséquent la somme est bien définie. En outre les M_m ont tous été choisis copointés. Par conséquent le modèle N_n est copointé. On notera $\bar{\sigma} : M_m \longrightarrow N_n$ le morphisme canonique de la somme directe correspondant à $\sigma : [n] \longrightarrow [m]$. Restent les morphismes de face et de dégénérescence. Selon un point de vue classique [Go] p. 270, ils correspondent d'une manière contravariante aux injections croissantes ϵ de $[i-1]$ dans $[i]$ et aux surjections croissantes η de $[i+1]$ dans $[i]$. On note $\tilde{\epsilon}$ et $\tilde{\eta}$ les faces ou dégénérescences correspondant à ϵ et η. En fait nous aurons à considérer des dégénérescences dans un sens plus large : à chaque surjection $\tau : [i] \longrightarrow [j]$ correspondra un morphisme $\tilde{\tau} : N_j \longrightarrow N_i$. Au cours du n-ième pas les dégénérescences $N_i \longrightarrow N_n$ avec $o \leq i \leq n$ sont à construire, les dégénérescences $N_i \longrightarrow N_j$ avec $o \leq i \leq j < n$ l'étant déjà. Si τ est une surjection $[n] \longrightarrow [i]$, on définit $\tilde{\tau} : N_i \longrightarrow N_n$ au moyen de l'égalité suivante:

$$\tilde{\tau}\bar{\sigma} = \overline{\sigma\tau} \text{ pour toute surjection } \sigma : [i] \longrightarrow [m] .$$

Quant aux faces, elles sont définies comme suit, au cours du n-ième pas. Si ϵ est une injection $[n-1] \longrightarrow [n]$, on définit $\tilde{\epsilon} : N_n \longrightarrow N_{n-1}$ au moyen de l'égalité suivante:

$$\text{pour toute surjection } \sigma : [n] \longrightarrow [m] ,$$

$$\begin{aligned} \tilde{\epsilon}\bar{\sigma} &= \overline{\sigma\epsilon} && \text{si } \sigma\epsilon \text{ est surjectif} \\ &= 0 && \text{si } \sigma\epsilon = \epsilon_m^h \sigma' \text{ avec } o<h \\ &= \tilde{\sigma}'\omega_m && \text{si } \sigma\epsilon = \epsilon_m^o \sigma' . \end{aligned}$$

Autrement dit si l'image de $\sigma\epsilon$ est $[m]$ tout entier, on se trouve dans le premier cas, si l'image est $[m]$ moins l'élément $h>o$, on se trouve dans le deuxième cas et si l'image est $[m]$ moins l'élément 0, on se trouve dans le troisième cas. Puisque σ' est alors un application surjective de $[n-1]$ dans $[m-1]$, la dégénérescence $\tilde{\sigma}'$ est déjà construite. Tout a donc un sens et la construction est ainsi achevée. De cette construction explicite retenons, pour la suite, ce qui se passe pour la surjection identité $[n] \longrightarrow [n]$.

Proposition 6.1. Dans la construction pas à pas le modèle copointé M_n, pour $n \geq 0$, n'apparaît qu'une fois dans la somme directe définissant N_n. Alors le composé du morphisme canonique de M_n dans N_n et du i-ème morphisme de face de N_n dans N_{n-1} est égal au morphisme 0 si i est non nul et au morphisme ω_n si i est nul.

Il reste à vérifier les relations de la définition d'un objet simplicial apparaissant au début du paragraphe 5. Formellement, ce sont les duales d'égalités entre applications croissantes d'ensembles ordonnés de nombres entiers positifs. Cette vérification est fastidieuse, mais vu l'importance que jouera par la suite la construction pas à pas il faut l'effectuer en détail.

La deuxième relation est vérifiée dès qu'on a démontré le résultat suivant. A une égalité

$$\tau = \tau'\tau'' : [p] \longrightarrow [q] \longrightarrow [r]$$

d'applications croissantes surjectives correspond une égalité

$$\tilde{\tau} = \tilde{\tau}''\tilde{\tau}' : N_r \longrightarrow N_q \longrightarrow N_p$$

de morphismes de dégénérescence. Cela découle des égalités suivantes: pour toute application surjective $\sigma : [r] \longrightarrow [m]$ on a

$$\tilde{\tau}\bar{\sigma} = \overline{\sigma\tau} = \overline{\sigma\tau'\tau''} = \tilde{\tau}''\overline{\sigma\tau'} = \tilde{\tau}''\tilde{\tau}'\bar{\sigma} \quad .$$

Vérifions maintenant la quatrième relation

$$\tilde{\epsilon}^i_{n+1}\tilde{\eta}^j_n = \mathrm{Id} \quad \text{pour} \quad i = j \quad \text{ou} \quad j+1 \ .$$

Elle correspond à une égalité $\eta\epsilon = \mathrm{Id}$. Soit σ une surjection de $[n]$ sur $[m]$. On a alors

$$\begin{aligned} \tilde{\epsilon}\tilde{\eta}\bar{\sigma} &= \tilde{\epsilon}\,\overline{\sigma\eta} && \text{car } \eta \text{ est une surjection} \\ &= \overline{\sigma\eta\epsilon} && \text{car } \sigma\eta\epsilon \text{ est une surjection} \\ &= \bar{\sigma} && \text{ce qu'il fallait démontrer.} \end{aligned}$$

Passons maintenant aux relations 3 et 5 du type $\tilde{\epsilon}''\tilde{\eta}'' = \tilde{\eta}'\epsilon'$ correspondant à un diagramme commutatif d'applications croissantes du type suivant

$$\begin{array}{ccccc} & \overset{\epsilon''}{\nearrow} & [n+1] & \overset{\eta''}{\searrow} & \\ [n] & & & & [n] \\ & \underset{\eta'}{\searrow} & [n-1] & \underset{\epsilon'}{\nearrow} & \end{array}$$

A nouveau soit σ une surjection de $[n]$ sur $[m]$ et il suffit de vérifier l'égalité

$$\tilde{\eta}'\tilde{\epsilon}'\bar{\sigma} = \tilde{\epsilon}''\tilde{\eta}''\bar{\sigma} .$$

Trois possibilités peuvent se présenter concernant l'application $\sigma\epsilon'$. Dans le premier cas, $\sigma\epsilon'$ est une surjection, alors $\sigma\eta''\epsilon''$ est aussi une surjection et l'on peut écrire les égalités suivantes:

$$\tilde{\eta}'\epsilon'\bar{\sigma} = \tilde{\eta}'\overline{\sigma\epsilon'} = \overline{\sigma\epsilon'\eta'} = \overline{\sigma\eta''\epsilon''} = \tilde{\epsilon}''\overline{\sigma\eta''} = \tilde{\epsilon}''\tilde{\eta}''\bar{\sigma} .$$

Dans le deuxième cas, $\sigma\epsilon'$ n'est pas une surjection et son image contient l'élément 0 de $[m]$. Il en est par conséquent de même pour $\sigma\eta''\epsilon''$ et l'on peut écrire les égalités suivantes

$$\tilde{\eta}'\tilde{\epsilon}'\bar{\sigma} = \tilde{\eta}'0 = 0 \quad \text{et} \quad \tilde{\epsilon}''\tilde{\eta}''\bar{\sigma} = \tilde{\epsilon}''\overline{\sigma\eta''} = 0 .$$

Dans le troisième cas, l'image de $\sigma\epsilon'$ ne contient pas l'élément 0 de $[m]$. Il en est par conséquent de même pour $\sigma\eta''\epsilon''$. Si l'on a $\sigma\epsilon' = \epsilon_m^0\sigma'$, alors $\sigma\eta''\epsilon'' = \epsilon_m^0\sigma'\eta'$. On peut donc écrire les égalités suivantes:

$$\tilde{\eta}'\tilde{\epsilon}'\bar{\sigma} = \tilde{\eta}'\bar{\sigma}'\omega_m = \overline{\sigma'\eta'}\,\omega_m = \tilde{\epsilon}''\overline{\sigma\eta''} = \tilde{\epsilon}''\tilde{\eta}''\bar{\sigma} .$$

Il reste à établir la première relation. On démontrera que pour

$$[n-2] \xrightarrow{\epsilon''} [n-1] \xrightarrow{\epsilon'} [n]$$

le morphisme $\tilde{\epsilon}''\tilde{\epsilon}'$ ne dépend que de $e = \epsilon'\epsilon''$. Soit encore une fois σ une surjection de $[n]$ sur $[m]$. Il suffit de démontrer que $\tilde{\epsilon}''\tilde{\epsilon}'\bar{\sigma}$ ne dépend que de $e = \epsilon'\epsilon''$. On distingue 3 cas d'après e et σ, l'image de σe étant égale à $[m]$ diminué de 0, 1 ou 2 éléments.

Dans le premier cas, $\sigma\epsilon'$ et $\sigma\epsilon'\epsilon''$ sont des surjections et l'on a les égalités suivantes:

$$\tilde{\epsilon}''\tilde{\epsilon}'\bar{\sigma} = \tilde{\epsilon}''\overline{\sigma\epsilon'} = \overline{\sigma\epsilon'\epsilon''} = \overline{\sigma e} .$$

Dans le deuxième cas, on a $\sigma e = \epsilon_m^h\sigma''$ ce qui donne lieu à une alternative:

1) $\sigma\epsilon'$ surjectif et $\sigma\epsilon'\epsilon'' = \epsilon_m^h\sigma''$

2) $\sigma\epsilon' = \epsilon_m^h\sigma'$ et $\sigma'' = \sigma'\epsilon''$.

Si h est différent de 0, ce qui ne dépend que de e et de σ, on obtient 0 pour les deux possibilités en vertu des égalités suivantes:

1) $\tilde{\epsilon}''\tilde{\epsilon}'\bar{\sigma} = \tilde{\epsilon}''\overline{\sigma\epsilon'} = 0$

2) $\tilde{\epsilon}''\tilde{\epsilon}'\bar{\sigma} = \tilde{\epsilon}''0 = 0$.

Si h est nul, on obtient $\tilde{\sigma}''\omega_m$ pour les deux possibilités, ce qui ne dépend que de e, et cela en vertu des égalités suivantes:

1) $\tilde{\epsilon}''\tilde{\epsilon}'\bar{\sigma} = \tilde{\epsilon}''\overline{\sigma\epsilon'} = \tilde{\sigma}''\omega_m$

2) $\tilde{\epsilon}''\tilde{\epsilon}'\bar{\sigma} = \tilde{\epsilon}''\tilde{\sigma}'\omega_m = \tilde{\sigma}''\omega_m$

car d'après les relations 2, 3, 4 et 5 déjà vérifiées on sait qu'à l'égalité $\sigma'' = \sigma'\epsilon''$ correspond l'égalité $\tilde{\sigma}'' = \tilde{\epsilon}''\tilde{\sigma}'$. Dans le troisième cas, on a $\sigma e = e''\sigma''$ où e'' est une injection de $[m-2]$ dans $[m]$. On a alors

$$\sigma\epsilon' = \epsilon_m^h\sigma' \quad \text{et} \quad \sigma'\epsilon'' = \epsilon_{m-1}^k\sigma'' .$$

Quels que soient k et h on obtient 0 et cela en vertu des égalités suivantes:

$$h \neq o : \tilde{\epsilon}''\tilde{\epsilon}'\bar{\sigma} = \tilde{\epsilon}''0 = 0$$

$$h = o : \tilde{\epsilon}''\tilde{\epsilon}'\bar{\sigma} = \tilde{\epsilon}''\tilde{\sigma}'\omega_m = \tilde{\sigma}''\tilde{\epsilon}_{m-1}^k\omega_m$$

(en vertu des relations 2, 3, 4 et 5)

$$= \tilde{\sigma}''0 = 0$$

car on a postulé $\epsilon^{k}_{m-1}\omega_m = 0$ dans la construction. Ainsi toutes les vérifications ont été effectuées et la construction pas à pas est à notre disposition.

7. La suite spectrale. Il s'agit essentiellement de la suite spectrale de Serre, comme on le verra au cours du paragraphe 11. Considérons la situation suivante:

1) deux paires de catégories $\underline{N} \supset \underline{M}$ et $\underline{N}' \supset \underline{M}'$ satisfaisant aux conditions du premier paragraphe;
2) une catégorie abélienne $\underline{A}$ satisfaisant aux conditions du premier paragraphe;
3) une paire de foncteurs adjoints:

$$X : \underline{N} \longrightarrow \underline{N}' \quad \text{et} \quad Y : \underline{N}' \longrightarrow \underline{N}$$

$$\mathrm{Hom}_{\underline{N}'}(.,X.) \cong \mathrm{Hom}_{\underline{N}}(Y.,.) \ .$$

On suppose que l'image par Y d'un modèle est un modèle: $Y\underline{M}' \subset \underline{M}$

4) un foncteur $T : \underline{M}' \longrightarrow \underline{A}$.

Ceci étant donné, on dénote par H_* les objets d'homologie concernant la paire $\underline{N} \supset \underline{M}$ et par H'_* ceux concernant la paire $\underline{N}' \supset \underline{M}'$. Ces deux types d'objets sont en relation au moyen d'une suite spectrale.

Proposition 7.1. Dans la situation décrite ci-dessus pour tout objet N de $\underline{N}$, il existe une suite spectrale

$$H_p(N, \mathcal{H}'_q(X,T)) \underset{p}{\Longrightarrow} H'_n(XN,T)$$

le foncteur $\mathcal{H}'_q(X,T) : \underline{M} \longrightarrow \underline{A}$ étant défini au moyen de l'égalité suivante:

$$\mathcal{H}'_q(X,T)M = H'_q(XM,T) \ .$$

Démonstration. On dénote par C_* le complexe de base concernant la paire $\underline{N} \supset \underline{M}$ et par C'_* celui concernant la paire $\underline{N}' \supset \underline{M}'$. On définit en outre un foncteur $\mathcal{C}'_*(X,T)$ de la catégorie $\underline{M}$ dans la catégorie des complexes de $\underline{A}$ au moyen de l'égalité suivante:

$$\mathcal{C}'_*(X,T)M = C'_*(XM,T) \ .$$

On considère alors le double complexe suivant:

$$C_*(N, \mathcal{C}'_*(X,T)) .$$

En dimension (p,q), il s'agit donc de l'objet suivant:

$$\sum_{(\alpha'_q, \ldots, \alpha'_1, \beta', \alpha_p, \ldots, \alpha_1, \beta)} TM'_q$$

avec

$$(\alpha'_q, \ldots, \alpha'_1) : M'_q \longrightarrow M'_{q-1} \longrightarrow \cdots\; M'_1 \longrightarrow M'_o$$

$$(\alpha_p, \ldots, \alpha_1) : M_p \longrightarrow M_{p-1} \longrightarrow \cdots\; M_1 \longrightarrow M_o$$

$$\beta' \in \mathrm{Hom}(M'_o, XM_p) \cong \mathrm{Hom}(YM'_o, M_p)$$

$$\beta : M_o \longrightarrow N .$$

Selon le lemme 1.3, ils existent deux suites spectrales. L'une est dégénérée, l'autre ne l'est pas en général. Cette dernière est la suite spectrale de la proposition, le terme $H'_*(XN,T)$ étant obtenu au moyen de la suite spectrale dégénérée, et cela parce que les deux suites spectrales d'un complexe double convergent vers le même objet gradué. Vérifions en premier lieu que la première suite spectrale, celle où q est le degré filtrant, est dégénérée. Utilisons pour cela les foncteurs élémentaires définis à la fin du troisième paragraphe. Soit E l'ensemble des objets de $\underline{M}'$, soit I la fonction qui associe à l'élément M' de E le modèle YM' et soit J_q la fonction qui associe à l'élément M' de E l'objet

$$\sum_{M'_q \longrightarrow M'_{q-1} \longrightarrow \cdots\; M'_1 \longrightarrow M'} TM'_q$$

Alors on a l'égalité suivante:

$$C_*(N, \mathcal{C}'_q(X,T)) = C_*(N, S^I_{J_q} | \underline{M}) .$$

Par conséquent le terme E^1 de la suite spectrale est le suivant:

$$E^1_{q,p} = H_p(N, S^I_{J_q} | \underline{M})$$
$$= S^I_{J_q} N \quad \text{si} \quad p = o$$
$$= 0 \quad \text{si} \quad p \neq o .$$

Ainsi la suite spectrale est dégénérée. D'autre part

$$S^I_{J_q} N = C'_q(XN,T) .$$

Par conséquent, l'objet gradué de cette suite dégénérée est égal à $H'_*(XN,T)$. Cela démontre, pour ainsi dire, la deuxième moitié de la proposition. Calculons maintenant le terme E^2 de la deuxième suite spectrale, celle où p est le degré filtrant. Il est clair que le terme E^1 est le suivant:

$$E^1_{p,q} = C_p(N, \mathcal{X}'_q(X,T))$$

(on utilise le fait que les foncteurs sommes directes sont exacts). Par suite on a bien

$$E^2_{p,q} = H_p(N, \mathcal{X}'_q(X,T))$$

ce qui achève la démonstration.

<u>8. Changement de modèles.</u> Considérons maintenant deux sous-catégories pleines et petites au lieu d'une seule

$$\underline{M}' \subset \underline{M}'' \subset \underline{N} .$$

Comme toujours on considère en outre un foncteur T de $\underline{M}''$ dans $\underline{A}$ et un objet N de $\underline{N}$. On marque du signe ' ce qui est relatif à la paire $\underline{M}' \subset \underline{N}$ et du signe " ce qui l'est à la paire $\underline{M}'' \subset \underline{N}$. Il est alors clair que $C'_*(N,T|\underline{M}')$ peut être considéré comme un sous-complexe de $C''_*(N,T)$. Par conséquent il existe un morphisme naturel:

$$H_*^!(N,T|M') \longrightarrow H_*^{"}(N,T) .$$

On va résoudre le problème suivant: trouver des conditions suffisantes pour obtenir un isomorphisme et cela dans les deux cas suivants:

A) pour tout N avec un T fixé;

B) pour tout T avec un N fixé.

Dans les deux cas, on utilise l'hyperhomologie (voir le premier paragraphe); alors l'une des deux suites spectrales est automatiquement dégénérée et l'autre le devient en introduisant une bonne condition; on obtient alors un isomorphisme

$$H_*^!(N,T|\underline{M}') \xrightarrow{\cong} H_*^{"}(N,T)$$

(voir le lemme 1.4); on vérifie qu'il s'agit du morphisme naturel en utilisant en même temps les deux triples suivants:

$$\underline{M}' \subset \underline{M}'' \subset \underline{N} \quad \text{et} \quad \underline{M}' \subset \underline{M}' \subset \underline{N} .$$

Voici les deux complexes doubles à utiliser:

$$\text{A)} \qquad C_*^{"}(N, \mathcal{C}_*^!(T))$$

avec

$$\mathcal{C}_*^!(T)M'' = C_*^!(M'',T|M') .$$

D'une manière plus explicite en dimension (p,q) on a l'objet suivant:

$$\sum_{(\alpha_q', \ldots, \alpha_1', \beta', \alpha_p'', \ldots, \alpha_1'', \beta'')} TM_p'$$

avec

$$(\alpha_q', \ldots, \alpha_1') : M_q' \longrightarrow M_{q-1}' \longrightarrow \ldots M_1' \longrightarrow M_o'$$

$$(\alpha_p'', \ldots, \alpha_1'') : M_p'' \longrightarrow M_{p-1}'' \longrightarrow \ldots M_1'' \longrightarrow M_o''$$

$$\beta' \quad : M_o' \longrightarrow M_p''$$

$$\beta'' \quad : M_o'' \longrightarrow N$$

où tout est variable sauf N.

B) $C'_*(N, \mathcal{C}''_*(T))$

avec

$$\mathcal{C}''_*(T)M' = C''_*(M',T) .$$

D'une manière plus explicite en dimension (p,q) on a l'objet suivant:

$$\sum_{(\alpha''_q, \ldots, \alpha''_1, \beta'', \alpha'_p, \ldots, \alpha'_1, \beta')} TM''_q$$

avec

$$(\alpha''_q, \ldots, \alpha''_1) : M''_q \longrightarrow M''_{q-1} \longrightarrow \cdots M''_1 \longrightarrow M''_o$$

$$(\alpha'_p, \ldots, \alpha'_1) : M'_p \longrightarrow M'_{p-1} \longrightarrow \cdots M'_1 \longrightarrow M'_o$$

$$\beta'' \quad : M''_o \longrightarrow M'_p$$

$$\beta' \quad : M'_o \longrightarrow N$$

où tout est variable sauf N.

Pour le cas A, on a le résultat suivant:

<u>Proposition 8.1. Pour un triple</u> $\underline{M}' \subset \underline{M}'' \subset \underline{N}$ <u>et un foncteur</u> $T : \underline{M}'' \longrightarrow \underline{A}$ <u>on a une suite spectrale:</u>

$$H''_p(N, \mathcal{X}'_q(T)) \underset{p}{\Longrightarrow} H'_n(N, T|\underline{M}')$$

<u>avec</u>

$$\mathcal{X}'_q(T)M'' = H'_q(M'',T|\underline{M}') .$$

<u>En particulier si l'on a pour tout objet</u> M'' <u>de</u> $\underline{M}''$

$$H'_n(M'',T|\underline{M}') = TM'' \quad \underline{\text{si}} \quad n = o$$

$$= 0 \quad \underline{\text{si}} \quad n \neq o$$

alors le morphisme canonique

$$H'_*(N,T|\underline{M}') \longrightarrow H''_*(N,T)$$

est un isomorphisme.

Démonstration. La suite spectrale où q est le degré filtrant est dégénérée et donne l'objet gradué $H'_*(N,T|\underline{M}')$: même raisonnement que pour la première suite spectrale de la démonstration de la proposition 7.1. Calculons maintenant le terme E^2 de la suite spectrale où p est le degré filtrant. Il est clair que le terme E^1 est le suivant:

$$E^1_{p,q} = C''_p(N, \mathcal{H}'_q(T)) .$$

Par suite on a bien

$$E^2_{p,q} = H''_p(N, \mathcal{H}'_q(T))$$

ce qui achève la démonstration.

Passons maintenant au cas B qui est plus intéressant. Considérons toujours le triple $\underline{M}' \subset \underline{M}'' \subset \underline{N}$. A toute paire (N'',N) d'objets dans $\underline{N}$, associons un ensemble simplicial augmenté, noté $\underline{M}'_*(N'',N)$, de la manière suivante: un n-simplexe est une chaîne de morphismes du type suivant:

$$N'' \xrightarrow{\alpha_{n+1}} M'_n \xrightarrow{\alpha_n} M'_{n-1} \cdots\cdots \xrightarrow{\alpha_1} M'_o \xrightarrow{\alpha_o} N$$

notée $(\alpha_o, \alpha_1, \ldots, \alpha_n, \alpha_{n+1})$ pour $n \geqslant -1$; en outre on a les faces et les dégénérescences suivantes:

$$\tilde{\epsilon}^i_n\,(\alpha_o, \ldots, \alpha_{n+1}) = (\alpha_o, \ldots, \alpha_i\alpha_{i+1}, \ldots, \alpha_{n+1})$$

$$\tilde{\eta}^i_n\,(\alpha_o, \ldots, \alpha_{n+1}) = (\alpha_o, \ldots, \alpha_i, 1, \alpha_{i+1}, \ldots, \alpha_{n+1}) .$$

Par définition $\underline{M}'$ est un voisinage (à gauche) de N dans $\underline{M}''$ si pour tout objet M'' de $\underline{M}''$ les groupes d'homologie entière de l'ensemble simplicial augmenté $\underline{M}'(M'',N)$ sont tous nuls:

$$H_n(\underline{M}'(M'',N),Z) = 0 \ .$$

On a alors le résultat suivant:

Proposition 8.2. Considérons une catégorie avec modèles $\underline{M}'' \subset \underline{N}$ et un voisinage $\underline{M}'$ de N dans $\underline{M}''$. Alors pour tout foncteur $T : \underline{M}'' \longrightarrow \underline{A}$ le morphisme canonique.

$$H'_*(N,T|\underline{M}') \longrightarrow H''_*(N,T)$$

est un isomorphisme.

Démonstration. Il faut utiliser le lemme 1.4 pour le complexe double $C'_*(N,\mathcal{C}''_*(T))$ et aussi le lemme 4.2 des coefficients universels. Pour vérifier la première condition du lemme 1.4 on peut considérer $(\alpha''_q, \ldots, \alpha''_1)$ comme fixé et on voit apparaître l'homologie de l'ensemble simplicial $\underline{M}'(M''_o,N)$ non-augmenté avec TM''_q comme coefficients. Mais $\underline{M}'$est un voisinage de N dans $\underline{M}''$, donc en vertu du lemme 4.2

$$H_n(\underline{M}'(M''_o,N),TM''_q) = \sum_{Hom(M''_o,N)} TM''_q \qquad si \quad n = o$$

$$= 0 \qquad si \quad n \neq o \ .$$

Par conséquent

$$H'_n(N,\mathcal{C}''_m(T)) = C''_m(N,T) \qquad si \quad n = o$$

$$= 0 \qquad si \quad n \neq o \ .$$

Donc la première condition est satisfaite et en outre

$$H_n\left[H'_o(N,\mathcal{C}''_*(T))\right] = H''_n(N,T) \ .$$

Puisque tout objet de $\underline{M}'$ est un objet de $\underline{M}''$, il est immédiat de vérifier que la deuxième condition est aussi satisfaite et qu'en outre

$$H'_n(N,H_o\left[\mathcal{C}''_*(T)\right]) = H'_n(N,T|\underline{M}') \ .$$

Donc le lemme 1.4 démontre la proposition.

Corollaire 8.3. Considérons une catégorie $\underline{N}$ avec trois sous-catégories pleines et petites

$$\underline{M}' \subset \underline{M}'' \subset \underline{M} \subset \underline{N} .$$

Si $\underline{M}'$ est un voisinage de N dans $\underline{M}$, alors $\underline{M}''$ est un voisinage de N dans $\underline{M}$.

Démonstration. On applique la proposition précédente à la catégorie avec modèles $\underline{N} \supset \underline{M}''$, au voisinage $\underline{M}'$ de N dans $\underline{M}''$ et au foncteur défini ci-dessous pour tout objet M de $\underline{M}$

$$T_M : \underline{M}'' \longrightarrow \underline{Ab} \qquad \text{(groupes abéliens)}$$

avec

$$T_M M'' = \sum_{\mathrm{Hom}(M,M'')} Z$$

où Z est le groupe des entiers rationnels.

Comme nous allons le voir, la notion de voisinage à gauche généralise la notion de résolution à gauche (voir le paragraphe 4).

Proposition 8.4. Considérons une catégorie avec modèles $\underline{N} \supset \underline{M}$. Soit M_* une $\underline{M}$-résolution d'un objet N. Alors toute sous-catégorie pleine de $\underline{M}$ qui contient les objets M_n de la résolution est un voisinage de N dans $\underline{M}$.

Démonstration. Soit $\underline{M}'$ une telle sous-catégorie. Pour un objet M de $\underline{M}$, considérons à nouveau le foncteur $T_M : \underline{M}' \longrightarrow \underline{Ab}$: voir la démonstration du corollaire 8.3. On a alors d'après la proposition 4.1

$$H'_n(N,T_M) = H_n\left[ZT_M(M_*)\right]$$

c'est-à-dire d'après la définition d'une résolution

$$= \sum_{\mathrm{Hom}(M,N)} Z \qquad \text{si} \quad n = o$$

$$= 0 \qquad \text{si} \quad n \neq o .$$

Et ceci démontre la proposition car $H'_n(N,T_M)$ est le n-ième groupe d'homologie entière de l'ensemble simplicial $\underline{M}'(M,N)$ non-augmenté.

<u>9. Sous-paires adéquates.</u> Je vais démontrer qu'il est possible, dans certains cas, de vérifier qu'une sous-catégorie est un voisinage en n'utilisant que des notions élémentaires. Auparavant il me faut rappeler ce qu'est une catégorie dirigée, notion qui généralise celle d'ensemble ordonné dirigé.

Une petite catégorie $\underline{D}$ est dite dirigée si les deux conditions suivantes sont satisfaites:

1) Pour chaque paire d'objets (D',D"), il existe au moins un diagramme

$$\begin{array}{ccc} D' & \xrightarrow{d'} & \\ & & D \\ D'' & \xrightarrow{d''} & \end{array} .$$

2) Pour chaque paire de morphismes $(\alpha, \beta) : D' \rightrightarrows D''$ il existe au moins un diagramme commutatif

$$D' \rightrightarrows D'' \xrightarrow{\omega} D \qquad (\omega\alpha = \omega\beta) .$$

<u>Lemme 9.1. Soient donnés les morphismes suivants</u>

$$\begin{array}{ccc} & \xrightarrow{\alpha'_i} & D' \\ D_i & & \\ & \xrightarrow{\alpha''_i} & D'' \end{array} \qquad i = 1, 2, \ldots, n .$$

<u>Alors il existe au moins un diagramme</u>

$$\begin{array}{ccc} D' & \xrightarrow{d'} & \\ & & D \\ D'' & \xrightarrow{d''} & \end{array}$$

<u>avec</u> $\qquad d'\alpha'_i = d''\alpha''_i \qquad i = 1, 2, \ldots, n .$

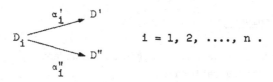

Démonstration. On procède par induction. Pour n = o, il s'agit de la première condition de la définition d'une catégorie dirigée. Le passage de n-1 à n se fait comme suit. Soit (d',d") une solution du problème pour n-1 avec i = 1, 2, ..., n-1. D'après la deuxième condition ci-dessus, il existe un ω avec $\omega(d'\alpha'_n) = \omega(d''\alpha''_n)$. Alors $(\omega d', \omega d'')$ est une solution du problème pour n.

Considérons maintenant un foncteur F de la catégorie dirigée D dans la catégorie Ab des groupes abéliens. On note par $\underline{D} - \varinjlim F$ le groupe abélien qui est la limite à droite, la limite inductive, du foncteur F. En utilisant le lemme ci-dessus pour n = 0, 1, 2 on démontre que tout élément de $\underline{D} - \varinjlim F$ est dans l'image du groupe FD, par l'homomorphisme canonique correspondant, pour au moins un D et que deux éléments $x' \in FD'$ et $x'' \in FD''$ ont la même image dans $\underline{D} - \varinjlim F$ si et seulement s'il existe une paire $(d', d'') : D' \longrightarrow D \longleftarrow D''$ avec $(Fd')x' = (Fd'')x''$. Le résultat suivant découle immédiatement de cette description de $\underline{D} - \varinjlim F$.

Lemme 9.2. Soient D une catégorie dirigée et F_* un complexe de foncteurs de D dans la catégorie des groupes abéliens. Alors l'homomorphisme canonique

$$\underline{D} - \varinjlim H_n\left[F_*\right] \longrightarrow H_n\left[\underline{D} - \varinjlim F_*\right]$$

est un isomorphisme.

Démontrons pour terminer le résultat suivant, avec le groupe Z des entiers rationnels.

Lemme 9.3. Soient D une petite catégorie et K un foncteur de D dans la catégorie des ensembles. Alors l'homomorphisme canonique

$$\underline{D} - \varinjlim \left(\sum_{K.} Z \right) \longrightarrow \sum_{\underline{D} - \varinjlim K} Z$$

est un isomorphisme.

Démonstration. Utilisons, outre $\underline{D} - \varinjlim$ dans la catégorie des groupes abéliens Ab et dans celle des ensembles E, la limite à gauche, la limite projective $\underline{D} - \varprojlim$ dans la catégorie des ensembles. Alors on démontre le lemme au moyen des égalités suivantes, valables pour tout groupe abélien A:

$$\mathrm{Hom}_{\underline{Ab}}(\underline{D} - \varinjlim \sum_{K.} Z,A) = \underline{D} - \varprojlim \mathrm{Hom}_{\underline{Ab}}(\sum_{K.} Z,A) =$$

$$\underline{D} - \varprojlim \mathrm{Hom}_{\underline{E}}(K.,A) = \mathrm{Hom}_{\underline{E}}(\underline{D} - \varprojlim K,A) = \mathrm{Hom}_{\underline{Ab}}(\sum_{\underline{D} - \varinjlim K} Z,A) .$$

Cela étant acquis, revenons au problème des voisinages. Considérons un carré de catégories

$$\begin{array}{ccc} \underline{R} & \subset & \underline{S} \\ \cap & & \cap \\ \underline{M} & \subset & \underline{N} \end{array}$$

où toutes les sous-catégories sont pleines. On dit que la paire $\underline{R} \subset \underline{S}$ est une <u>sous-paire adéquate</u> de la paire $\underline{M} \subset \underline{N}$ si les conditions suivantes sont satisfaites:

1) (petitesse) La catégorie $\underline{R}$ est petite.
2) (factorisation) Tout morphisme $M \to S$ apparaît dans au moins un diagramme commutatif

3) (produit faible) Toute paire de morphismes

apparaît dans au moins un diagramme commutatif

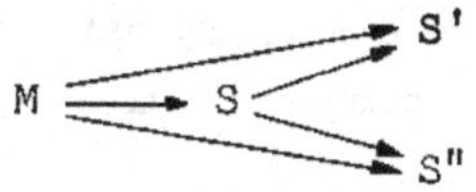

4) (égalisateur faible) Tout diagramme commutatif

apparaît dans au moins un diagramme commutatif

On peut considérer l'exemple suivant pour fixer les idées : N est la catégorie des groupes, M celle des groupes libres, S celle des groupes de type fini, R celle des groupes libres de type fini (ou plus exactement celle des groupes 0, Z, Z*Z, Z*Z*Z, ...). On vérifie que la sous-paire $R \subset S$ est adéquate. Lorsque les catégories S et N sont égales et que les produits finis existent dans N, alors les conditions ci-dessus se simplifient:

la catégorie R est petite

tout objet M apparaît dans un diagramme commutatif

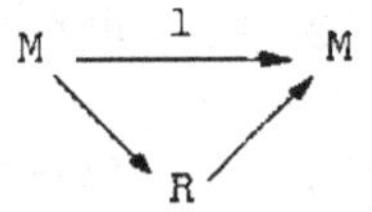

Nous sommes en mesure maintenant de démontrer le résultat qui nous intéresse.

Proposition 9.4. Considérons une sous-paire adéquate $R \subset S$ d'une catégorie avec modèles $M \subset N$. Alors R est un voisinage dans M de tout élément de S.

Par conséquent, on peut calculer les objets $H_n(S,T)$ pour $T : M \longrightarrow A$ en utilisant soit M, soit R.

Démonstration. Pour un objet M de M fixé et pour un objet S de S fixé, il nous faut démontrer que l'homologie entière de l'ensemble simplicial augmenté $R_*(M,S)$ est nulle. Autrement dit il faut vérifier que le complexe suivant est acyclique

$$\cdots\cdots \longrightarrow \sum_{R_n(M,S)} Z \longrightarrow \sum_{R_{n-1}(M,S)} Z \cdots\cdots \longrightarrow \sum_{R_{-1}(M,S)} Z \longrightarrow 0 .$$

On sait qu'il en est ainsi lorsque M est dans R (lemme 3.1) et on va démontrer le cas général comme limite de tels cas particuliers. Dans ce but considérons la catégorie $\underline{D}$ suivante:

- un objet est un morphisme $M \longrightarrow R$ avec M fixé et R libre, l'un dans $\underline{M}$ et l'autre dans $\underline{R}$
- un morphisme de $M \longrightarrow R$ dans $M \longrightarrow R'$ est un diagramme commutatif

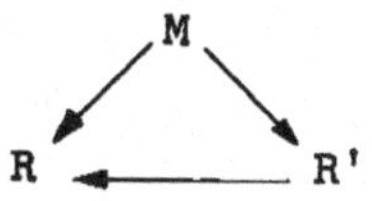

Puisque la sous-paire $\underline{R} \subset \underline{S}$ est adéquate, la catégorie $\underline{D}$ est dirigée. Notons simplement $\underline{R}_n(.,S)$ le foncteur de $\underline{D}$ dans $\underline{E}$ qui fait correspondre à $M \longrightarrow R$ l'ensemble $\underline{R}_n(R,S)$. Alors il existe une application canonique

$$\underline{D} - \varinjlim R_*(.,S) \longrightarrow \underline{R}_*(M,S) .$$

En fait il s'agit d'une équivalence. Il suffit de le vérifier en dim - 1. C'est alors une surjection car tout morphisme $M \longrightarrow S$ apparaît dans un diagramme commutatif

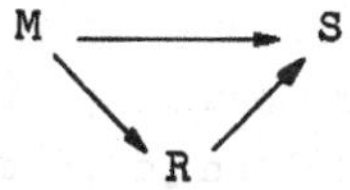

L'application est biunivoque car tout diagramme commutatif

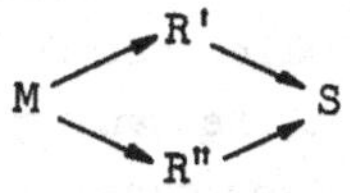

apparaît dans un diagramme commutatif

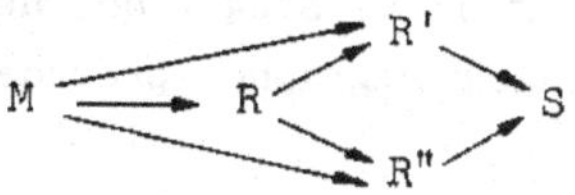

comme on le voit en appliquant dans l'ordre les propriétés "produit faible", "égalisateur faible" et "factorisation". On termine la démonstration par les égalités suivantes en tenant compte des lemmes 9.2 et 9.3.

$$H_n(\underline{R}_*(M,S),Z) = H_n\left[\sum_{\underline{R}_*(M,S)} Z\right] = H_n\left[\underline{D} - \underrightarrow{\lim} \sum_{\underline{R}_*(.,S)} Z\right]$$

$$= H_n\left[\underline{D} - \underrightarrow{\lim} \sum_{\underline{R}_*(.,S)} Z\right] = \underline{D} - \underrightarrow{\lim}\, H_n\left[\sum_{\underline{R}_*(.,S)} Z\right]$$

$$= \underline{D} - \underrightarrow{\lim}\, H_n(\underline{R}_*(.,S),Z) = \underline{D} - \underrightarrow{\lim}\, 0 = 0$$

La proposition est démontrée.

10. Paires localement petites. Jusqu'à maintenant nous avons toujours considéré des paires $\underline{N} \supset \underline{M}$, où la catégorie $\underline{M}$ des modèles est petite. Cette restriction doit pouvoir être levée dans une certaine mesure si l'on veut pouvoir considérer des paires aussi usuelles que les suivantes: par exemple une catégorie abélienne avec la sous-catégorie des projectifs ou la catégorie des groupes avec la sous-catégorie des groupes libres. En bref il s'agit de mettre en forme la remarque suivante: pour étudier un groupe au moyen des groupes libres, il est inutile de considérer les groupes libres beaucoup plus grands que le groupe à étudier. Ou encore, si l'on préfère le langage des univers, il s'agit de démontrer que les objets $H_n(G,T)$ d'un groupe G sont indépendants de l'univers utilisé, et cela sans utiliser les résolutions non-abéliennes. En effet il existe des paires de catégories avec des objets sans résolutions. Le problème exposé ci-dessus trouve sa solution dans le cadre des paires localement petites, par exemple les paires où chaque objet a une résolution non-abélienne. En fait il ne s'agit que de mettre en forme ce que contiennent les deux paragraphes précédents.

Considérons une catégorie $\underline{N}$ et une sous-catégorie pleine $\underline{M}$, qui ne sera plus supposée être petite comme cela l'était auparavant. Une partie de ce qui a été fait précédemment peut être conservée sans modification: tout ce qui ne fait pas intervenir la condition $\underline{M}$ petite. En particulier les notions suivantes peuvent être utilisées:

$\underline{M}$-résolution d'un objet N (paragraphe 4)

voisinage dans $\underline{M}$ d'un objet N (paragraphe 8)

sous-paire adéquate (paragraphe 9) .

Puisque les voisinages vont jouer un rôle important rappelons-en la définition. Un voisinage $\underline{U}$ de N dans $\underline{M}$ est une sous-catégorie de $\underline{M}$, pleine et petite, satisfaisant à une condition homologique: $H_n(\underline{U}_*(M,N),Z) = 0$ pour tout objet M de $\underline{M}$. On rappelle qu'il est possible d'agrandir un voisinage (corollaire 8.3), que les résolutions non-abéliennes fournissent des voisinages (proposition 8.4) et que les sous-paires adéquates en font autant (proposition 9.4).

Une catégorie $\underline{N}$ et une sous-catégorie pleine $\underline{M}$ forment par définition une <u>paire localement petite</u> si tout objet de $\underline{N}$ possède un voisinage dans $\underline{M}$. Il est alors possible de définir des objets $H_n(N,T)$. Pour N, on prend un voisinage $\underline{M}'$ quelconque et on pose

$$H_n(N,T) \cong H'_n(N,T|\underline{M}')$$

ce qui est indépendant du voisinage choisi en vertu de la proposition 8.2. Quant il s'agit d'un morphisme $\nu : N \longrightarrow N'$, on utilise un voisinage de N et de N'. Pour vérifier la propriété de fonctorialité par rapport à N, on utilise un voisinage de trois objets à la fois. Une fois les objets d'homologie $H_n(N,T)$ définis, il est immédiat de généraliser aux paires localement petites les principaux résultats des paragraphes précédents, en particulier les méthodes de calcul: proposition 1.5, proposition 4.1. Chaque fois il faut utiliser un voisinage dans $\underline{M}$ d'un ensemble donné d'objets. Tout cela ne présentant aucune difficulté, passons maintenant à l'étude de quelques exemples.

<u>11. Exemple topologique.</u> Dénotons par Δ_n la boule euclidienne à n dimensions. Considérons un espace topologique $\mathfrak{X}$ et faisons lui correspondre une catégorie avec modèles $\underline{N\mathfrak{X}} \supset \underline{M\mathfrak{X}}$ de la manière suivante. Un objet N de $\underline{N\mathfrak{X}}$ est une application continue N de $\mathfrak{X}$

dans $\mathcal{E}$ et un morphisme σ est un diagramme commutatif

$$\begin{array}{ccc} \mathcal{X} & \longrightarrow & \mathcal{X}' \\ & \searrow \quad \swarrow & \\ & \mathcal{E} & \end{array}$$

Un modèle M est une application continue d'un Δ_m dans $\mathcal{E}$. Considérons un foncteur T de $\underline{M}\mathcal{E}$ dans une catégorie abélienne $\underline{A}$. A chaque diagramme commutatif σ

$$\begin{array}{ccc} \Delta_m & \longrightarrow & \Delta_{m'} \\ & \searrow \quad \swarrow & \\ & \mathcal{E} & \end{array}$$

il correspond un morphisme $T\sigma$. Lorsque tous ces morphismes $T\sigma$ sont des isomorphismes, on parle d'un <u>système de coefficients locaux</u>. A toute application continue $\epsilon : \mathcal{E} \longrightarrow \mathcal{E}'$, il correspond un foncteur $\epsilon_* : \underline{N}\mathcal{E} \longrightarrow \underline{N}\mathcal{E}'$. En particulier un modèle est transformé en un modèle et un système de coefficients locaux en un système de coefficients locaux.

Soit toujours T un foncteur de $\underline{M}\mathcal{E}$ dans $\underline{A}$. On peut appliquer la théorie générale et obtenir des objets d'homologie $H_n(N,T)$ pour toute application $N : \mathcal{X} \longrightarrow \mathcal{E}$ et en particulier pour l'identité $\mathcal{E} \longrightarrow \mathcal{E}$; on note par $H_n(\mathcal{E},T)$ les objets d'homologie dans ce cas-là. On peut aussi utiliser la théorie de l'homologie singulière et obtenir des objets d'homologie $H_n^{sing}(N,T)$ en général et $H_n^{sing}(\mathcal{E},T)$ en particulier. On emploie alors le complexe suivant pour $N : \mathcal{X} \longrightarrow \mathcal{E}$

$$C_n^{sing}(N,T) = \sum_{\sigma \in \mathrm{Hom}(\Delta_n, \mathcal{X})} T(N \circ \sigma) .$$

Pour définir la différentiation, on donne aux boules Δ_n la structure simpliciale habituelle et on utilise les divers injections simpliciales de Δ_{n-1} dans Δ_n.

<u>Proposition 11.1. Soit</u> $\mathcal{E}$ <u>un espace topologique avec un système de coefficients locaux</u> T. <u>Alors</u>

$$H_n(\mathcal{E},T) \cong H_n^{sing}(\mathcal{E},T) .$$

Démonstration. Plus généralement vérifions l'isomorphisme suivant au moyen du lemme 1.4

$$H_n(N,T) \cong H_n^{sing}(N,T) .$$

On a en l'occurence, en utilisant les notations du lemme,

$$T_* = C_*^{sing}(.,T)|\underline{M}\mathcal{E} .$$

Le foncteur $C_n^{sing}(.,T)$ est représentable et même élémentaire, par conséquent (proposition 2.2)

$$\begin{aligned} H_n(N,T_m) &= C_m^{sing}(N,T) \quad && \text{si } n = o \\ &= 0 && \text{si } n \neq o . \end{aligned}$$

En outre pour un modèle $M : \Delta_m \longrightarrow \mathcal{E}$, on a

$$H_n\left[T_* M\right] = H_n^{sing}(\Delta_m, T \circ \Phi M) .$$

Mais $T \circ \Phi M$ est un système de coefficients locaux sur Δ_m, il est donc équivalent à un système constant. On obtient donc les objets d'homologie singulière ordinaire

$$\begin{aligned} H_n^{sing}(\Delta_m, TM) &= TM \quad && \text{si } n = o \\ &= 0 && \text{si } n \neq o . \end{aligned}$$

Ainsi les deux conditions du lemme 1.4 sont satisfaites et on obtient bien l'isomorphisme recherché.

Considérons à nouveau une application continue $\epsilon : \mathcal{E} \longrightarrow \mathcal{B}$ et un foncteur $T : \underline{M}\mathcal{E} \longrightarrow \underline{A}$. Nous savons qu'il existe un foncteur

$$\Phi\epsilon : \underline{N}\mathcal{E} \longrightarrow \underline{N}\mathcal{B} .$$

Il transforme les modèles en des modèles. En outre ce foncteur à un adjoint à droite $F\epsilon$. Pour une application $N : \mathcal{X} \longrightarrow \mathcal{B}$

on construit le produit fibré suivant

$$\begin{array}{ccc} \mathcal{Y} & \longrightarrow & \mathcal{X} \\ \downarrow{\scriptstyle N'} & & \downarrow{\scriptstyle N} \\ \mathcal{E} & \xrightarrow[\epsilon]{} & \mathcal{B} \end{array}$$

et on pose $(F\epsilon)N = N'$. On est donc dans la situation décrite dans le paragraphe 7. Pour une application $M : \Delta_m \longrightarrow \mathcal{B}$ on construit le produit fibré suivant

$$\begin{array}{ccc} \mathcal{Y} & \longrightarrow & \Delta_m \\ \downarrow{\scriptstyle M'} & & \downarrow{\scriptstyle M} \\ \mathcal{E} & \xrightarrow[\epsilon]{} & \mathcal{B} \end{array}$$

l'application M' étant la "fibre" au-dessus de M. On pose alors pour ces "fibres"

$$\mathcal{X}_n \quad (F,T)M = H_n \quad (\mathcal{Y}, T_\circ \Phi M')$$

$$\mathcal{X}_n^{sing}(F,T)M = H_n^{sing}(\mathcal{Y}, T_\circ \Phi M') .$$

D'après la proposition 7.1, il existe une suite spectrale pour l'identité N de $\mathcal{B}$ dans $\mathcal{B}$:

$$H_p(\mathcal{B}, \mathcal{X}_q(F,T)) \underset{p}{\Longrightarrow} H_n(\mathcal{E}, T) \quad .$$

Si T est un système de coefficients locaux, on peut l'écrire sous la forme suivante

$$H_p(\mathcal{B}, \mathcal{X}_q^{sing}(F,T)) \underset{p}{\Longrightarrow} H_n^{sing}(\mathcal{E}, T) .$$

Si $\mathcal{X}_n^{sing}(F,T)$ est un système de coefficients locaux pour tout n, on parle d'une T-fibration ϵ. On obtient alors la suite spectrale de Serre; cette méthode est la version singulière de celle utilisée dans [Do] .

Proposition 11.2. Considérons un espace topologique $\mathcal{E}$ avec un système T de coefficients locaux et une T-fibration $\epsilon : \mathcal{E} \longrightarrow \mathcal{B}$. Alors il existe une suite spectrale

$$H_p^{sing}(\mathcal{B}, \mathcal{H}_q^{sing}(F,T)) \underset{p}{\Longrightarrow} H_n^{sing}(\mathcal{E},T) .$$

Les fibrés dans un sens ou l'autre sont des T-fibrations pour tout système T de coefficients locaux. Remarquons encore qu'il est immédiat de démontrer dans notre contexte que les homologies singulière et cubique coïncident et cela essentiellement parce que la boule de dimension n et le cube de dimension n sont homéomorphes.

On a la théorie analogue pour les ensembles simpliciaux et on retrouve ainsi la suite spectrale d'un fibré au sens de Kan [Zi].

12. Exemple des cotriples. Comme on peut le voir dans [Ml] ", les foncteurs dérivés construits au moyen de cotriples jouent un certain rôle en algèbre homologique. Nous allons voir comment ils entrent dans le cadre général développé ci-dessus. Rappelons la définition d'un cotriple. Considérons une catégorie $\underline{N}$. Alors un cotriple consiste en un foncteur G de $\underline{N}$ dans $\underline{N}$, en une transformation naturelle ϵ de G dans Id et en une transformation naturelle η de G dans GG, le tout satisfaisant aux conditions suivantes pour tout N

$$\epsilon GN \circ \eta N = 1 = G\epsilon N \circ \eta N \quad : \quad GN \longrightarrow G^2N \rightrightarrows GN .$$

La sous-catégorie pleine de $\underline{N}$ ayant les GN comme objets est appelée l'image de G.

Proposition 12.1. Considérons une catégorie $\underline{N}$ avec un cotriple (G,ϵ,η) et un foncteur T de $\underline{N}$ dans une catégorie abélienne. Soit $\underline{M}$ l'image de G. Alors la paire $\underline{N} \supset \underline{M}$ est localement petite et les objets $H_n(N,T)$ peuvent être calculés au moyen du complexe suivant:

$$\dots \longrightarrow TG^{n+1}N \xrightarrow{\sum(-1)^i TG^i \epsilon G^{n-i}N} TG^nN \; \dots \longrightarrow TGN \longrightarrow 0 .$$

<u>Démonstration.</u> En vertu des propositions 8.4 et 4.1, il suffit de vérifier que le complexe suivant dans $\underline{ZN}$ est "acyclique"

$$\dots \longrightarrow G^{n+1}N \xrightarrow{\sum(-1)^i G^i \epsilon G^{n-i}N} G^nN \; \dots \longrightarrow GN \xrightarrow{\epsilon N} N \longrightarrow 0$$

dans le sens du paragraphe 4. Autrement dit pour tout modèle M, on doit avoir un complexe acyclique de groupes abéliens

$$\dots \xrightarrow{d} \mathrm{Hom}_{\underline{ZN}}(M, G^{n+1}N) \xrightarrow{d} \mathrm{Hom}_{\underline{ZN}}(M, G^nN)$$

$$\dots \xrightarrow{d} \mathrm{Hom}_{\underline{ZN}}(M, N) \longrightarrow 0 .$$

Pour le voir on construit un s de degré + 1 avec $sd + ds = \mathrm{Id}$. Ecrivons le modèle M sous la forme GN', alors l'homomorphisme s envoie les générateurs canoniques sur les générateurs canoniques: au morphisme $\omega : GN' \longrightarrow G^nN$ correspond le morphisme $G\omega \circ \eta N' : GN' \longrightarrow G^{n+1}N$. On vérifie l'égalité $sd + ds = \mathrm{Id}$ au moyen de l'egalité $\epsilon GN' \circ \eta N' = 1 : GN' \longrightarrow GN'$. La proposition est ainsi démontrée.

Ceci étant, nous avons à disposition tous les résultats des paragraphes précédents pour étudier les foncteurs dérivés construits au moyen d'un cotriple (G, ϵ, η) et qui ne dépendent en fait que de l'image de G. En particulier on peut retrouver la notion de foncteur représentable au sens de Barr et Beck [BB]. Le souffleur Λ à utiliser est le suivant (voir le deuxième paragraphe): le seul élément de ΛN est le morphisme ϵN de GN dans N et une bulle est un carré commutatif du type suivant

$$\begin{array}{ccc} GN & \xrightarrow{G\omega} & GN' \\ {\scriptstyle \epsilon N}\downarrow & & \downarrow{\scriptstyle \epsilon N'} \\ N & \xrightarrow[\omega]{} & N' \end{array}$$

Alors une Λ-représentation d'un foncteur T est une transformation naturelle $\mu : T \longrightarrow TG$ satisfaisant à la condition $T\epsilon \circ \mu = \mathrm{Id}$.

Tout cotriple peut être construit au moyen d'une paire de foncteurs adjoints: voir [EM]. Il est possible de généraliser la proposition 12.1 de la manière suivante.

Proposition 12.2. Considérons une paire de foncteurs adjoints (F,U):

$$U : \underline{N} \longrightarrow \underline{V} \quad \text{et} \quad F : \underline{V} \longrightarrow \underline{N}$$

et un foncteur T de $\underline{N}$ dans une catégorie abélienne. Soient $\underline{M}$ l'image de F et (G,ϵ,η) le cotriple associé à la paire de foncteurs adjoints. Alors la paire $\underline{N} \supset \underline{M}$ est localement petite et les objets $H_n(N,T)$ peuvent être calculés au moyen du complexe suivant:

$$\dots \longrightarrow TG^{n+1}N \xrightarrow{\sum(-1)^i TG^i \epsilon G^{n-i} N} TG^n N \dots \longrightarrow TGN \longrightarrow 0 .$$

Démonstration. Comme pour la proposition 12.1, en remplaçant GN' par FV et en utilisant le diagramme canonique

apparaissant en théorie des foncteurs adjoints.

13. Exemple abélien. On a parlé parfois de n-ième foncteur dérivé non-abélien à propos du foncteur $H_n(.,T)$; évidemment il faut encore démontrer qu'il s'agit d'une généralisation du cas abélien: $\underline{N}$ est une catégorie abélienne avec assez de projectifs (tout objet est le quotient d'un objet projectif), puis $\underline{M}$ est la sous-catégorie pleine dont les objets sont les projectifs, enfin T est un foncteur additif. Voici un résultat [DP] qui nous place dans le cadre du paragraphe 5.

Lemme 13.1. Pour une paire abélienne $\underline{N} \supset \underline{M}$, tout objet a une résolution simpliciale.

Démonstration. On utilise la construction pas à pas du paragraphe 6. On choisit chaque ω_i de façon à ce que la suite suivante soit exacte:

$$M_i \xrightarrow{\omega_i} N_{i-1} \xrightarrow{(\tilde{\epsilon}^0_{i-1}, \ldots, \tilde{\epsilon}^{i-1}_{i-1})} N_{i-2} \oplus \ldots \oplus N_{i-2}$$

et cela est possible car le noyau du **deuxième** morphisme est le quotient d'un projectif. En particulier ω_0 est un épimorphisme. Soit donc N_* l'objet simplicial augmenté obtenu. Il nous faut démontrer que l'ensemble simplicial augmenté $\mathrm{Hom}(M,N_*)$ est un complexe de Kan augmenté presque trivial pour tout projectif M. En fait il s'agit d'un groupe abélien simplicial augmenté, ce qui permet d'appliquer la proposition 5.2. Il suffit donc de vérifier les deux conditions de cette proposition pour en avoir terminé. Puisque M est projectif, que $M_0 = N_0$ et que ω_0 est un épimorphisme, l'application $\tilde{\epsilon}^0_0$ est surjective. D'autre part le 0-simplexe 0 est presque trivial. En effet puisque M est projectif, on a une suite exacte

$$\mathrm{Hom}(M,M_i) \xrightarrow{\mathrm{Hom}(M,\omega_i)} \mathrm{Hom}(M,N_{i-1})$$

$$\xrightarrow{(\tilde{\epsilon}^0_0, \ldots, \tilde{\epsilon}^{i-1}_{i-1})} \mathrm{Hom}(M,N_{i-2}) \oplus \ldots \oplus \mathrm{Hom}(M,N_{i-2}) .$$

Par conséquent, en vertu de la proposition 6.1, un (n-1)-simplexe dont toutes les faces sont nulles est égal à la 0-ième face d'un n-simplexe dont toutes les autres faces sont nulles. Cela démontre que le 0-simplexe 0 est presque trivial et achève par suite la démonstration.

Il est possible maintenant de démontrer le résultat recherché.

Proposition 13.2. Considérons un foncteur additif T d'une catégorie abélienne avec assez de projectifs $\underline{N}$ dans une catégorie abélienne à sommes directes exactes $\underline{A}$. Soit $\underline{M}$ la sous-catégorie pleine des projectifs de $\underline{N}$. Alors la paire $\underline{N} \supset \underline{M}$ est localement

<u>petite et les objets</u> $H_n(N,T)$ <u>sont isomorphes aux objets</u> $L_nT(N)$: <u>la valeur pour</u> N <u>du n-ième foncteur dérivé gauche de</u> T.

<u>Démonstration.</u> En vertu de la proposition 5.4, tout se ramène au calcul, pour une résolution simpliciale N_* de N, de l'homologie du complexe suivant:

$$\cdots \longrightarrow TN_n \xrightarrow{\sum(-1)^i T\,\tilde{\varepsilon}_n^i} TN_{n-1} \longrightarrow \cdots$$

c'est-à-dire du complexe suivant:

$$\cdots \longrightarrow TN_n \xrightarrow{T(\sum(-1)^i\tilde{\varepsilon}_n^i)} TN_{n-1} \longrightarrow \cdots .$$

On obtient bien les objets $L_nT(N)$ car d'une part les N_n avec $n \geqslant o$ sont projectifs et d'autre part le complexe suivant est acyclique:

$$\cdots \longrightarrow N_n \xrightarrow{\sum(-1)^i\tilde{\varepsilon}_n^i} N_{n-1} \cdots \longrightarrow N_o \longrightarrow N_{-1} \longrightarrow 0 .$$

En effet pour tout projectif M, le complexe suivant est acyclique

$$\cdots \longrightarrow \mathrm{Hom}(M,N_n) \xrightarrow{\sum(-1)^i\tilde{\varepsilon}_n^i} \mathrm{Hom}(M,N_{n-1}) \cdots$$

$$\longrightarrow \mathrm{Hom}(M,N_o) \longrightarrow \mathrm{Hom}(M,N_{-1}) \longrightarrow 0$$

et cela parce que le groupe abélien simplicial augmenté $\mathrm{Hom}(M,N_*)$ est presque trivial et en vertu de la proposition 5.3.

On a un résultat analogue pour une catégorie additive avec une classe projective: voir [EM]' pour la définition.

Nous savons maintenant que le foncteur $H_n(\cdot,T)$ de $\underline{N}$ dans $\underline{A}$ peut être appelé de bon droit, le n-ième foncteur dérivé à gauche de T, pour les modèles $\underline{M}$. La catégorie source est non-abélienne, mais la catégorie but est abélienne. On peut se poser la question de ce qu'il en est des "foncteurs dérivés" lorsque la catégorie but est non-abélienne. Une solution raisonnable me paraît être la suivante. On part de deux paires de catégories $\underline{N} \supset \underline{M}$ et $\underline{N}' \supset \underline{M}'$ et d'un foncteur T de $\underline{M}$ dans $\underline{N}'$. On associe alors à T un foncteur de $\underline{N}$ et de $\underline{M}'$ dans la catégorie des types d'homotopie: à N et à M' correspond le type d'homotopie de l'ensemble simplicial dont un n-simplexe est le suivant. Il s'agit d'une chaîne de morphismes:

$$M' \longrightarrow TM_n,\ M_n \longrightarrow M_{n-1} \longrightarrow \cdots\ M_o \longrightarrow N\ .$$

On peut retrouver une partie des résultats énoncés jusqu'ici. Sans application en vue, je crois qu'il est inutile d'aller plus loin dans ce sens.

<u>14. Théorie au-dessus d'un objet.</u> Nous l'avons vu dans l'exemple topologique, il est parfois nécessaire de se placer au-dessus d'un objet fixé. Il en sera de même au cours de la deuxième partie. Voici à ce sujet le peu qu'il faudra utiliser.

Considérons une catégorie avec modèles $\underline{N} \supset \underline{M}$ et un objet η de $\underline{N}$. On note par $\underline{N}\eta$ la catégorie suivante: un objet est un morphisme de but η et un morphisme est un diagramme commutatif

$$\begin{array}{ccc} N & \longrightarrow & N' \\ & \searrow \quad \swarrow & \\ & \eta & \end{array}$$

On note par $\underline{M}\eta$ la sous-catégorie pleine dont les objets sont les morphismes ayant un modèle comme source et η comme but: $M \longrightarrow \eta$. Considérons maintenant une résolution simpliciale N_* d'un objet N pour la paire $\underline{N} \supset \underline{M}$ et un morphisme de N dans η; nous allons en déduire une résolution simpliciale $N_*\eta$ de l'objet $N \longrightarrow \eta$ pour la paire $\underline{N}\eta \supset \underline{M}\eta$.

Soit donc N_* une résolution simpliciale de N. Appelons π_n le morphisme canonique de N_n dans N défini par l'égalité suivante

$$\pi_n = \tilde{\varepsilon}_0^{i_0} \circ \tilde{\varepsilon}_1^{i_1} \circ \dots \circ \tilde{\varepsilon}_{n-1}^{i_{n-1}} \circ \tilde{\varepsilon}_n^{i_n}$$

avec i_k quelconque entre 0 et k. Soit encore X un morphisme de N dans η. Alors l'ensemble simplicial augmenté $N_*\eta$ est le suivant. L'objet $N_n\eta$ est le morphisme $X \circ \pi_n : N_n \longrightarrow \eta$ et le morphisme $\tilde{\sigma}$ (face ou dégénérescence) est le diagramme

$$\begin{array}{ccc} N_n & \xrightarrow{\tilde{\sigma}} & N_{n'} \\ & {\scriptstyle X \circ \pi_n} \searrow \quad \swarrow {\scriptstyle X \circ \pi_{n'}} & \\ & \eta & \end{array}$$

On vérifie immédiatement qu'il s'agit d'un ensemble simplicial augmenté.

<u>Lemme 14.1. Un ensemble simplicial augmenté $N_*\eta$ construit au-dessus d'un objet η à partir d'une résolution simpliciale N_* est une résolution simpliciale.</u>

<u>Démonstration.</u> Soit $Y : M \longrightarrow \eta$ un objet de $\underline{M}\eta$. Il faut démontrer que l'ensemble simplicial augmenté $\mathrm{Hom}(Y, N_*\eta)$ est un complexe de Kan augmenté presque trivial. Utilisons pour cela l'injection canonique

$$\mathrm{Hom}(Y, N_*\eta) \subset \mathrm{Hom}(M, N_*)$$

due au fait qu'un diagramme du type suivant

$$\begin{array}{ccc} M & \longrightarrow & N_n \\ & {\scriptstyle Y} \searrow \quad \swarrow {\scriptstyle X \circ \pi_n} & \\ & \eta & \end{array}$$

est entièrement déterminé par son morphisme de M dans N_n. On vérifie en outre l'égalité suivante:

$$\mathrm{Hom}(Y, N_n\eta) = \pi_n^{-1}\,\mathrm{Hom}(Y, N_{-1}\eta)$$

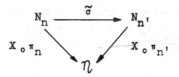

pour le morphisme

$$\pi_n : \mathrm{Hom}(M,N_n) \longrightarrow \mathrm{Hom}(M,N_{-1}) .$$

Mais, soit pour vérifier la condition de Kan, soit pour démontrer qu'un 0-simplexe est presque trivial, on n'a à considérer en même temps que des simplexes au-dessus d'un unique (-1)-simplexe par les morphismes π_n. Par conséquent il découle de l'égalité ci-dessus que $\mathrm{Hom}(Y,N_*\eta)$ est un complexe de Kan augmenté presque trivial comme l'est $\mathrm{Hom}(M,N_*)$. La démonstration, par restriction des propriétés, est donc achevée.

CHAPITRE II. ALGEBRE COMMUTATIVE

Considérons une A-algèbre B et un B-module W. A ce triple (A,B,W) on associe des groupes d'homologie $H_n(A,B,W)$ et de cohomologie $H^n(A,B,W)$ en utilisant la notion de différentielle et de dérivation. Il est possible de décrire ces groupes d'une manière explicite (à l'aide de Tor, y compris sa structure multiplicative) en dimensions 0, 1, 2 et partiellement 3: propositions 25.1, 26.1 et 28.2. En particulier si A est un anneau local de corps résiduel B, il est intéressant de considérer les "déviations" suivantes

$$\delta_k = \dim H_k(A,B,B) .$$

La déviation δ_2 est nulle si et seulement si l'anneau A est régulier. La déviation δ_3 concerne la notion d'intersection complète: propositions 27.2 et 28.3. Dans le même ordre d'idée, on peut définir une notion de "dimension simpliciale" pour les anneaux noethériens, les anneaux réguliers étant ceux de dimension simpliciale au plus égale à 2: paragraphe 28. Les anneaux A et A[x] ont alors la même dimension simpliciale. Ces quelques remarques justifient une étude systématique de ces groupes d'homologie et de cohomologie en général. Et cela se fait au moyen des techniques développées au cours du chapitre I. A plusieurs endroits j'ai pris comme guide un travail de Harrison [Ha] qui pour les basses dimensions développe une théorie analogue avec l'hypothèse supplémentaire que l'anneau A est une algèbre sur un corps.

Dans une première étape, sans restrictions sur les anneaux A et B, on établit une suite spectrale: proposition 16.1

$$\mathrm{Tor}_p^A(H_q(A,B,B)) \underset{p}{\Longrightarrow} H_n(A,B,W)$$

une longue suite exacte: proposition 18.2

$$\ldots\ H_n(A,B,W) \longrightarrow H_n(A,C,W) \longrightarrow H_n(B,C,W)\ \ldots$$

une formule de décomposition: proposition 19.3

$$H_n(A,B\otimes_A C,W) \cong H_n(A,B,W)\oplus H_n(A,C,W)$$

une suite exacte à la Mayer-Vietoris: proposition 19.5

$$\ldots\ H_n(A,D,W) \longrightarrow H_n(B,D,W)\oplus H_n(C,D,W) \longrightarrow H_n(B\otimes_A C,D,W)\ \ldots$$

quelques isomorphismes pour la localisation: propositions 20.2, 20.3 et 20.4

$$H_n(A,B,W) \cong H_n(S^{-1}A,B,W)$$

$$H_n(A,B,W) \cong H_n(A,T^{-1}B,W)$$

$$T^{-1}H_n(A,B,W) \cong H_n(A,B,T^{-1}W) .$$

Sous des hypothèses de type noethérien, on établit deux isomorphismes analogues pour la complétion: propositions 21.1 et 21.2, et aussi une suite spectrale lorsque les anneaux et modules sont filtrés: proposition 23.8. Enfin on démontre l'égalité

$$H_n(A,B,W) = 0 \qquad \text{pour} \qquad n\geq 2$$

lorsque B est un surcorps d'un corps A: proposition 22.2.

A l'aide de ces propositions on démontre alors d'une part les résultats mentionnés au début de cette introduction, concernant en particulier les basses dimensions, et d'autre part une longue suite exacte, décrite ci-dessous, qui peut être considérée comme une généralisation du théorème des syzygies. On considère une A-algèbre B et un idéal premier J de B au-dessus d'un idéal I de A. On note par A_I et B_J les anneaux locaux associés à I et à J et par KA_I et KB_J les corps résiduels respectifs. Alors on a une suite exacte du type suivant:

$$\ldots\ H_n(A,B,W) \longrightarrow H_n(A_I,KA_I,W) \longrightarrow H_n(B_J,KB_J,W) \longrightarrow H_{n-1}(A,B,W)\ \ldots$$

où W est un espace vectoriel sur KB_J.

15. Définitions. Tous les anneaux considérés sont commutatifs et ont une unité, les homomorphismes envoient l'unité sur l'unité.

Considérons un anneau commutatif A, une A-algèbre commutative B, c'est-à-dire un homomorphisme A $\longrightarrow$ B d'anneaux commutatifs et un B-module W. On note par Der(A,B,W) le groupe abélien des A-dérivations de B dans W: une A-dérivation de B dans W est un A-homomorphisme ω de B dans W satisfaisant à la condition

$$\omega(bb') = b\omega(b') + b'\omega(b) \ .$$

On adopte la terminologie suivante: A et B sont les variables non-additives, la variable-source et la variable-but respectivement, et W est la variable additive. On note par Diff(A,B) le B-module des A-différentielles de B; il est entièrement déterminé par l'égalité suivante:

$$\mathrm{Der}(A,B,W) \cong \mathrm{Hom}_B(\mathrm{Diff}(A,B),W)$$

voir [CC] p.13.05 par exemple. On note enfin par Diff(A,B,W) le groupe abélien suivant

$$\mathrm{Diff}(A,B,W) \cong \mathrm{Diff}(A,B) \otimes_B W \ .$$

Enfin on note par $\Delta_n A$, la A-algèbre libre de rang n : l'algèbre des polynômes à coefficients dans A et à n variables x_1, x_2, ..., x_n. Pour ce qui va suivre il nous suffit de connaître explicitement le B-module Diff(A,B) dans le cas d'une algèbre libre B. A la A-algèbre $\Delta_n A$ de rang n et de base x_1, x_2, ..., x_n, il correspond le $\Delta_n A$-module de rang n et de base dx_1, dx_2, ..., dx_n. A un homomorphisme de A-algèbres libres

$$\sigma : \Delta_{n'} A \longrightarrow \Delta_n A$$

correspond le même homomorphisme rendu linéaire:

$$\mathrm{Diff}(A,\sigma) : \mathrm{Diff}(A;\Delta_{n'} A) \longrightarrow \mathrm{Diff}(A,\Delta_n A)$$

c'est-à-dire si l'on a

$$\sigma x'_k = x_{i_1}^{\alpha_1} x_{i_2}^{\alpha_2} x_{i_3}^{\alpha_3} \dots$$

alors dx'_k est envoyé sur l'élément

$$\alpha_1 x_{i_1}^{\alpha_1 - 1} x_{i_2}^{\alpha_2} x_{i_3}^{\alpha_3} \dots dx_{i_1} +$$

$$\alpha_2 x_{i_1}^{\alpha_1} x_{i_2}^{\alpha_2 - 1} x_{i_3}^{\alpha_3} \dots dx_{i_2} + \dots$$

Par définition les <u>groupes d'homologie</u> $H_n(A,B,W)$ sont construits au moyen du complexe $C_*(A,B,W)$ décrit ci-dessous:

$$C_n(A,B,W) = \sum_{\Delta_{i_n} A \longrightarrow \Delta_{i_{n-1}} A \dots \longrightarrow \Delta_{i_0} A \longrightarrow B} \operatorname{Diff}(A, \Delta_{i_n} A, W)$$

c'est-à-dire le groupe abélien suivant. Un élément de l'ensemble d'indices utilisé est une chaîne d'homomorphismes de A-algèbres:

$$\Delta_{i_n} A \xrightarrow{\alpha_n} \Delta_{i_{n-1}} A \dots \xrightarrow{\alpha_1} \Delta_{i_0} A \xrightarrow{\beta} B .$$

Pour un tel élément, on donne à W une structure de Δ_{i_n} A-module au moyen de l'homomorphisme

$$\beta \circ \alpha_1 \circ \dots \circ \alpha_n .$$

On fait alors correspondre à cet élément le groupe suivant:

$$\beta(\alpha_1, \alpha_2, \dots \alpha_n) = \operatorname{Diff}(A, \Delta_{i_n} A, W) .$$

Puis on effectue la somme directe pour obtenir $C_n(A,B,W)$. On note par $\beta[\alpha_1, \alpha_2, \dots, \alpha_n]$ l'homomorphisme canonique de $\beta(\alpha_1, \alpha_2, \dots, \alpha_n)$ dans $C_n(A,B,W)$. Enfin on définit la différentiation du complexe comme suit:

$$d_n = \sum_{i=o}^{n} (-1)^i \, s_n^i \; : \; C_n(A,B,W) \longrightarrow C_{n-1}(A,B,W)$$

avec l'égalité suivante:

$$s_n^i \circ \beta \left[\alpha_1, \alpha_2, \ldots, \alpha_n\right] =$$

$$\beta\, \alpha_1 \left[\alpha_2, \ldots, \alpha_n\right] \qquad \text{si } i = o$$

$$\beta \left[\alpha_1, \ldots, \alpha_i \alpha_{i+1}, \ldots, \alpha_n\right] \qquad \text{si } o<i<n$$

$$\beta \left[\alpha_1, \ldots, \alpha_{n-1}\right] \circ \mathrm{Diff}(A,\alpha_n,W) \qquad \text{si } i = n \,.$$

D'une manière plus explicite, l'homomorphisme $\mathrm{Diff}(A,\alpha_n,W)$ est le composé des deux homomorphismes suivants:

$$\mathrm{Diff}(A,\Delta_{i_n} A) \otimes_{\Delta_{i_n} A} W \longrightarrow \mathrm{Diff}(A,\Delta_{i_{n-1}} A) \otimes_{\Delta_{i_n} A} W \longrightarrow$$

$$\mathrm{Diff}(A,\Delta_{i_{n-1}} A) \otimes_{\Delta_{i_{n-1}} A} W \,.$$

On définit d'une manière analogue les groupes de cohomologie $H^n(A,B,W)$ au moyen du complexe $C^*(A,B,W)$ pour lequel on a

$$C^n(A,B,W) = \prod_{\Delta_{i_n} A \longrightarrow \Delta_{i_{n-1}} A \;\ldots\; \longrightarrow \Delta_{i_o} A \longrightarrow B} \mathrm{Der}(A,\Delta_{i_n} A,W) \,.$$

Puisque B opère sur W, on peut donner aux groupes d'homologie $H_n(A,B,W)$ et aux groupes de cohomologie $H^n(A,B,W)$ une structure naturelle de B-modules.

Ce qui a été fait ci-dessus pour les algèbres commutatives peut l'être pour d'autres structures algébriques. Pour les groupes, on retrouve les groupes classiques d'homologie et de cohomologie avec un décalage de dimension. Pour les groupes abéliens, on retrouve Tor et Ext. Pour les algèbres associatives, on retrouve les groupes de cohomologie de Shukla [Ba]. Pour n'importe laquelle algèbre dans le sens de Lawvere [La] on retrouve les groupes de cohomologie de Beck [Be], la démonstration n'est pas immédiate comme nous le verrons dans le seul cas qui nous intéresse, celui des algèbres commutatives.

Enfin il est temps de placer les groupes d'homologie $H_n(A,B,W)$ et les groupes de cohomologie $H^n(A,B,W)$ dans le cadre du premier chapitre que nous utiliserons dans quelques démonstrations. Soit $A\underline{N}$ la catégorie des A-algèbres commutatives et soit $A\underline{M}$ la sous-catégorie pleine dont les objets sont les algèbres libres $\Delta_n A$ pour n = 0, 1, 2, ... Passons maintenant au-dessus de l'objet B de $A\underline{N}$ dans le sens développé au paragraphe 14. Considérons alors la catégorie $A\underline{N}B$ et la sous-catégorie $A\underline{M}B$. Un objet de la première est un A-homomorphisme $X \longrightarrow B$ et un objet de la seconde un A-homomorphisme $\Delta_n A \longrightarrow B$. On a alors deux foncteurs de $A\underline{M}B$ et même de $A\underline{N}B$ dans la catégorie des groupes abéliens; à l'objet $X \longrightarrow B$ correspondent respectivement les groupes suivants:

Diff(A,X,W)	pour le foncteur covariant	diff W
Der (A,X,W)	pour le foncteur contravariant	der W

où W est un X-module par l'intermédiaire du morphisme $X \longrightarrow B$. Il est clair que le n-ième groupe d'homologie est égal au n-ième objet d'homologie pour l'objet $B \xrightarrow{1} B$ et le foncteur diff W et que le n-ième groupe de cohomologie est égal au n-ième objet d'homologie pour l'objet $B \xrightarrow{1} B$ et le foncteur der W.

<u>Lemme 15.1. On a les égalités suivantes pour la catégorie avec modèles</u> $A\underline{N}B \supset A\underline{M}B$:

$$H_n(B \xrightarrow{1} B,\ \text{diff } W) = H_n(A,B,W)$$

$$H_n(B \xrightarrow{1} B,\ \text{der } W) = H^n(A,B,W) .$$

Ceci étant, il est facile d'établir une suite exacte longue en homologie ou en cohomologie en faisant varier la variable additive. On verra plus loin une autre suite exacte longue obtenue en faisant varier les variables non-additives.

Proposition 15.2. Soient une A-algèbre commutative B et une suite exacte de B-modules:

$$0 \longrightarrow W' \longrightarrow W \longrightarrow W'' \longrightarrow 0 .$$

Il existe alors deux suites exactes longues en homologie et en cohomologie:

$$\cdots \longrightarrow H_n(A,B,W') \longrightarrow H_n(A,B,W) \longrightarrow$$
$$H_n(A,B,W'') \longrightarrow H_{n-1}(A,B,W') \longrightarrow \cdots$$

$$\cdots \longrightarrow H^n(A,B,W') \longrightarrow H^n(A,B,W) \longrightarrow$$
$$H^n(A,B,W'') \longrightarrow H^{n+1}(A,B,W') \longrightarrow \cdots .$$

Démonstration. A la suite exacte de B-modules correspondent deux suites courtes de foncteurs, exactes sur les modèles:

$$0 \longrightarrow \mathrm{diff}\ W' \longrightarrow \mathrm{diff}\ W \longrightarrow \mathrm{diff}\ W'' \longrightarrow 0$$
$$0 \longrightarrow \mathrm{der}\ W' \longrightarrow \mathrm{der}\ W \longrightarrow \mathrm{der}\ W'' \longrightarrow 0 .$$

On applique alors le lemme 1.2 par l'intermédiaire du lemme 15.1.

Ces suites exactes sont de peu d'utilité car en général $H_n(A,B,W)$ est différent de 0 pour un B-module W projectif, comme nous le verrons plus tard.

16. Premiers résultats. Voici trois propositions que l'on démontre directement à partir des définitions des groupes d'homologie et de cohomologie.

Proposition 16.1. Considérons une A-algèbre B et un B-module W. Alors il existe deux suites spectrales:

$$\mathrm{Tor}_p^B(H_q(A,B,B),W) \underset{p}{\Longrightarrow} H_n(A,B,W)$$

$$\mathrm{Ext}_B^p(H_q(A,B,B),W) \underset{p}{\Longrightarrow} H^n(A,B,W) .$$

Démonstration. On remarque en premier lieu que le complexe $C_*(A,B,B)$ a une structure naturelle de B-module libre; en effet dans la somme directe le définissant, chaque terme $\mathrm{Diff}(A,\Delta_{i_n}A,B)$ est un B-module libre. En outre les deux égalités suivantes sont satisfaites:

$$C_*(A,B,W) = C_*(A,B,B) \otimes_B W$$

$$C^*(A,B,W) = \mathrm{Hom}_B(C_*(A,B,B),W) .$$

On termine la démonstration à l'aide des théorèmes habituels de coefficients universels: voir par exemple [CE] p. 370.

Proposition 16.2. Considérons une A-algèbre B et un B-module W. Soit B_* un ensemble filtrant de sous-algèbres de B, dont la réunion est égale à B. Alors l'homomorphisme canonique

$$\varinjlim H_n(A,B_*,W) \longrightarrow H_n(A,B,W)$$

est un isomorphisme pour tout n.

Démonstration. Soit B_i l'une des sous-algèbres. On peut identifier le complexe $C_*(A,B_i,W)$ à un sous-complexe de $C_*(A,B,W)$. On a alors:

$$\varinjlim C_*(A,B_*,W) = C_*(A,B,W) .$$

En effet puisqu'il s'agit de sommes directes dans les définitions, un élément de $C_n(A,B,W)$ ne fait intervenir qu'un nombre fini de longues chaînes de morphismes

$$\Delta_{i_n}A \xrightarrow{\alpha_n} \Delta_{i_{n-1}}A \;\cdots\; \xrightarrow{\alpha_1} \Delta_{i_o}A \xrightarrow{\beta} B$$

(les autres composantes de l'élément sont nulles). On choisit alors une sous-algèbre B_i contenant les images des β entrant en considération, ce qui est toujours possible puisqu'ils sont en nombre fini. Alors l'élément en question appartient déjà à $C_n(A,B_i,W)$. L'égalité est donc démontrée. Puisqu'il s'agit de groupes abéliens et d'une limite sur un ensemble filtrant, l'égalité demeure en passant à l'homologie: voir le lemme 9.2 par exemple. La proposition est donc démontrée.

Corollaire 16.3. Considérons une A-algèbre libre B et un B-module W. On obtient alors les groupes suivants:

$$\begin{aligned} H_n(A,B,W) &= \mathrm{Diff}(A,B,W) && \text{si } n = o \\ &= 0 && \text{si } n \neq o \\ H^n(A,B,W) &= \mathrm{Der}\,(A,B,W) && \text{si } n = o \\ &= 0 && \text{si } n \neq o\,. \end{aligned}$$

Démonstration. En vertu des lemmes 1.1 et 15.1, les égalités sont satisfaites lorsque B est une algèbre libre de type fini. Mais toute algèbre libre est la réunion de ses sous-algèbres libres de type fini qui forment un ensemble filtrant. Donc d'après la proposition 16.2, les égalités concernant les groupes d'homologie sont satisfaites. On en déduit celle concernant les groupes de cohomologie au moyen de la proposition 16.1. Le corollaire est donc démontré.

Proposition 16.4. Considérons une A-algèbre B et un B-module W. Soit W_* un ensemble filtrant de sous-modules de W, dont la réunion est égale à W. Alors l'homomorphisme canonique

$$\varinjlim H_n(A,B,W_*) \longrightarrow H_n(A,B,W)$$

est un isomorphisme pour tout n.

Démonstration. Puisque les complexes $C_*(A,B,.)$ sont définis au moyen de sommes directes et que les foncteurs $\sum$ et $\varinjlim$ commutent, on a un isomorphisme déjà au niveau des chaînes. Voir la démonstration de la proposition 16.2.

On a un résultat analogue pour la variable-source: voir la proposition 18.4.

17. Méthode de calcul. Une A-résolution simpliciale d'une A-algèbre B est une A-algèbre simpliciale augmentée B_* satisfaisant aux conditions suivantes:

1) la A-algèbre B_{-1} est isomorphe à B;
2) les A-algèbres B_n sont libres pour $n \geqslant o$;
3) le complexe de Kan augmenté B_* est presque trivial (définition au paragraphe 5).

Si l'on oublie la structure multiplicative, B_* est un groupe abélien simplicial augmenté et il est possible d'utiliser les propositions 5.2 et 5.3. Par conséquent pour vérifier la troisième condition on dispose de deux moyens: ou vérifier que le 0-simplexe 0 est presque trivial ou vérifier que le complexe de groupes abéliens:

$$\cdots \longrightarrow B_n \xrightarrow{\sum(-1)^i \tilde{\epsilon}_n^i} B_{n-1} \cdots \longrightarrow B_{-1} \longrightarrow 0$$

est acyclique. On parlera des méthodes du simplexe nul et du complexe associé, respectivement.

<u>Proposition 17.1.</u> <u>Soient</u> B <u>une</u> A-<u>algèbre,</u> W <u>un</u> B-<u>module et</u> B_* <u>une</u> A-<u>résolution simpliciale de</u> B. <u>Alors le n-ième groupe d'homologie</u> $H_n(A,B,W)$ <u>est isomorphe au n-ième groupe d'homologie du complexe suivant:</u>

$$\cdots \longrightarrow \mathrm{Diff}(A,B_n,W) \xrightarrow{\sum(-1)^i \tilde{\epsilon}_n^i} \mathrm{Diff}(A,B_{n-1},W)$$

$$\cdots \longrightarrow \mathrm{Diff}(A,B_o,W) \longrightarrow 0$$

<u>et le n-ième groupe de cohomologie</u> $H^n(A,B,W)$ <u>est isomorphe au n-ième groupe d'homologie du complexe suivant:</u>

$$0 \longrightarrow \mathrm{Der}(A,B_o,W) \longrightarrow \cdots$$

$$\mathrm{Der}(A,B_{n-1},W) \xrightarrow{\sum(-1)^i \tilde{\epsilon}_n^i} \mathrm{Der}(A,B_n,W) \longrightarrow \cdots .$$

Pour être tout à fait précis, il faut signaler que dans $\mathrm{Diff}(A,B_n,W)$ et dans $\mathrm{Der}(A,B_n,W)$, on donne à W une structure de B_n-module au moyen de l'homomorphisme canonique π_n de B_n dans B déjà rencontré au paragraphe 14 et que le morphisme $\tilde{\epsilon}_n^i$ est égal soit à $\mathrm{Diff}(A,\tilde{\epsilon}_n^i,W)$, soit à $\mathrm{Der}(A,\tilde{\epsilon}_n^i,W)$.

<u>Démonstration.</u> Outre la catégorie $\underline{AN}$ des A-algèbres et la sous-catégorie $\underline{AM}$ des $\Delta_n A$, considérons une sous-catégorie $\underline{AM}'$ de A-algèbres libres, pleine et petite, contenant au moins les $\Delta_n A$ et les

B_n pour n⩾o. Considérons maintenant le triple suivant de catégories au-dessus de B:

$$A\underline{M}B \subset A\underline{M}'B \subset A\underline{N}B .$$

Appliquons la proposition 8.1 aux foncteurs diff W et der W:
voir le lemme 15.1. Dans les deux cas la condition suffisante
pour obtenir un isomorphisme est satisfaite: voir le corollaire
16.3. Par conséquent pour calculer $H_n(A,B,W)$ et $H^n(A,B,W)$, on
peut remplacer la paire $A\underline{M} \subset A\underline{N}$ par la paire $A\underline{M}' \subset A\underline{N}$. Autrement dit le lemme 15.1 reste valable pour la paire $A\underline{M}'B \subset A\underline{N}B$.
Ceci étant, les objets B_n sont maintenant dans la catégorie des
modèles $A\underline{M}'$. Démontrons alors que B_* est une $A\underline{M}'$-résolution simpliciale de B. Considérons un objet de $A\underline{M}'$, c'est-à-dire une
A-algèbre libre M (avec un ensemble E de générateurs). Alors
l'ensemble simplicial augmenté $\text{Hom}_A(M,B_*)$ est isomorphe au produit direct de E copies de l'ensemble simplicial augmenté B_*.
Mais B_* est presque trivial, il en est donc de même de $\text{Hom}_A(M,B_*)$
comme on le voit composante par composante. Ainsi B_* est bien une
$A\underline{M}'$-résolution simpliciale de B. Passons maintenant au-dessus de
l'objet B dans le sens du paragraphe 14. En vertu du lemme 14.1,
on obtient une résolution simpliciale B_*B de $B \xrightarrow{1} B$ pour la paire
$A\underline{M}'B \subset A\underline{N}B$. On calcule alors les groupes $H_n(A,B,W)$ et $H^n(A,B,W)$
par l'intermédiaire du lemme 15.1 modifié et au moyen de la tech-
nique développée au paragraphe 5, ce qui donne les isomorphismes
du théorème.

Nous allons voir maintenant que toute algèbre possède une
résolution simpliciale. Il existe même une résolution canonique
construite à l'aide d'un cotriple et utilisée par J. Beck dans
sa définition des groupes de cohomologie [Be]. Je préfère utiliser
la construction pas à pas du paragraphe 6, dont on ne peut pas
se passer lorsque des conditions de finitude apparaissent.
Proposition 17.2. Toute A-algèbre possède au moins une A-résolution simpliciale. Si A est un anneau noethérien et si B est
une A-algèbre de type fini, alors il existe au moins une A-résolution simpliciale B_*, où toutes les algèbres B_n sont de type fini.

Démonstration. Reportons-nous au paragraphe 6. La catégorie $\underline{N}$ est celle des A-algèbres et la catégorie $\underline{M}$ est celle des A-algèbres libres. La somme directe est le produit tensoriel; l'objet A est conul; toute algèbre libre est la source d'un homomorphisme de but A (on choisit une base de l'algèbre et on considère l'homomorphisme de cette algèbre sur A qui envoie les éléments de la base sur 0). On effectue la construction en choisissant les morphismes ω_i de la manière suivante: l'algèbre M_i est libre avec une base donnée et l'homomorphisme ω_i envoie les éléments de cette base sur des éléments de N_{i-1} qui engendrent le N_{i-1}-module

$$\operatorname{Ker} \tilde{\epsilon}^{o}_{i-1} \cap \ldots \cap \operatorname{Ker} \tilde{\epsilon}^{i-1}_{i-1} .$$

Alors la condition $\tilde{\epsilon}^{j}_{i-1}\,\omega_i = 0$ est satisfaite puisque les éléments de la base sont envoyés sur 0. Il faut encore vérifier que l'ensemble simplicial construit est presque trivial. On va utiliser la méthode du simplexe nul. Soit x un n-simplexe avec $\tilde{\epsilon}^{i}_{n}\, x = 0$ pour $i = 0, 1, \ldots, n$. Il faut trouver un (n+1)-simplexe y avec $\tilde{\epsilon}^{o}_{n+1}\, y = x$ et $\tilde{\epsilon}^{i}_{n+1}\, y = 0$ pour $i = 1, 2, \ldots, n+1$. Vu la condition imposée à ω_{n+1}, l'élément x est de la forme $\sum n_k \cdot \omega_{n+1}(m_k)$ où les m_k sont des éléments de la base de M_{n+1} et où les n_k sont des éléments de N_n. Prenons y égal à $\sum \tilde{\eta}^{o}_{n}(n_k)\cdot m_k$ dans N_{n+1} et appliquons la proposition 6.1. On a les égalités suivantes:

$$\tilde{\epsilon}^{o}_{n+1}\, y = \sum \tilde{\epsilon}^{o}_{n+1}\ \tilde{\eta}^{o}_{n}(n_k)\cdot \tilde{\epsilon}^{o}_{n+1}(m_k)$$

$$= \sum n_k \cdot \omega_{n+1}(m_k) \ = \ x$$

$$\tilde{\epsilon}^{i}_{n+1}\, y = \sum \tilde{\epsilon}^{i}_{n+1}\ \tilde{\eta}^{o}_{n}(n_k)\cdot \tilde{\epsilon}^{i}_{n+1}(m_k)$$

$$= \sum \tilde{\epsilon}^{i}_{n+1}\ \tilde{\eta}^{o}_{n}(n_k)\cdot 0 \ = 0$$

pour $i = 1, 2, \ldots, n+1$. On a donc démontré que l'ensemble simplicial augmenté donné par la construction pas à pas est presque trivial. On a donc obtenu une résolution simpliciale.

Si A est noethérien et B de type fini et si les algèbres M_o, M_1, ..., M_{i-1} sont déjà de type fini, l'algèbre N_{i-1} est aussi de type fini, sur un anneau noethérien, donc il s'agit d'un anneau noethérien. Par conséquent l'idéal de N_{i-1} égal à

$$\operatorname{Ker} \tilde{\epsilon}^{o}_{i-1} \cap \ldots\ldots \cap \operatorname{Ker} \tilde{\epsilon}^{i-1}_{i-1}$$

est engendré par un nombre fini de générateurs. Par suite M_i peut être choisi de type fini. Ainsi de pas en pas on construit des algèbres de type fini,ce qui achève la démonstration du théorème.

Corollaire 17.3. Soient A un anneau noethérien, B une A-algèbre de type fini et W un B-module de type fini. Alors pour tout n, les B-modules

$$H_n(A,B,W) \quad \text{et} \quad H^n(A,B,W)$$

sont de type fini.

Démonstration. Soit B_* une A-résolution de type fini de B; il en existe d'après la proposition 17.2. On s'intéresse alors aux complexes suivants, selon la proposition 17.1:

$$\operatorname{Diff}(A,B_*,W) \quad \text{et} \quad \operatorname{Der}(A,B_*,W) .$$

Tous deux sont des B-modules de type fini en chaque dimension: chaque fois, on obtient la somme directe d'un nombre fini de copies de W. Puisque B est un anneau noethérien, les n-cycles ou les n-cocycles forment un B-module de type fini. Il en est donc de même en homologie et en cohomologie, ce qui démontre le corollaire.

18. La suite exacte. Considérons deux homomorphismes d'anneaux:

$$A \longrightarrow B \longrightarrow C$$

et un C-module W, qui est donc aussi un B-module. Il est alors possible de faire apparaître les deux homomorphismes

$$H_*(A,B,W) \longrightarrow H_*(A,C,W) \longrightarrow H_*(B,C,W)$$

dans une suite exacte. Il en est de même en cohomologie. Commençons par un lemme.

Lemme 18.1. Soient B une A-algèbre et C une B-algèbre libre et W un C-module. Alors on a les égalités suivantes:

$$H_o(A,C,W) \cong H_o(A,B,W) \oplus H_o(B,C,W)$$

$$H_n(A,C,W) \cong H_n(A,B,W) \quad \text{si} \quad n>o$$

$$H^o(A,C,W) \cong H^o(A,B,W) \oplus H^o(B,C,W)$$

$$H^n(A,C,W) \cong H^n(A,B,W) \quad \text{si} \quad n>o \quad .$$

Démonstration. Puisque C est un B-algèbre libre, il existe une A-algèbre libre D telle que l'on ait

$$C = B \otimes_A D \ .$$

Soit B_* une A-résolution simpliciale de B. Considérons maintenant l'algèbre simpliciale augmentée:

$$B_* \otimes_A D \ .$$

C'est une A-résolution de $B \otimes_A D$, car les algèbres $B_n \otimes_A D$ sont des A-algèbres libres et car ce complexe de Kan augmenté est presque trivial (au point de vue de la structure additive seule, $B_* \otimes_A D$ est la somme directe de copies de B_*). Pour calculer les groupes d'homologie et de cohomologie de C, il suffit donc d'utiliser les deux complexes suivants, non-augmentés:

$$\mathrm{Diff}(A,B_* \otimes D,W) = \mathrm{Diff}(A,B_*,W) \oplus \mathrm{Diff}(A,D,W)$$

$$\mathrm{Der}\ (A,B_* \otimes D,W) = \mathrm{Der}\ (A,B_*,W) \oplus \mathrm{Der}\ (A,D,W) \ .$$

La première composante fait intervenir l'homologie et la cohomologie de B. La deuxième composante donne partout 0 sauf en dimension 0 où l'on voit apparaître

$$\mathrm{Diff}(A,D,W) \cong \mathrm{Diff}(B,C,W)$$

$$\mathrm{Der}\ (A,D,W) \cong \mathrm{Der}\ (B,C,W)$$

Le lemme est ainsi démontré.

<u>Proposition 18.2. Soient</u> B <u>une</u> A-<u>algèbre,</u> C <u>une</u> B-<u>algèbre et</u> W <u>un</u> C-<u>module. Alors il existe deux suites exactes:</u>

$$\dots \longrightarrow H_n(A,B,W) \longrightarrow H_n(A,C,W) \longrightarrow H_n(B,C,W)$$

$$\longrightarrow H_{n-1}(A,B,W) \dots \longrightarrow H_o(B,C,W) \longrightarrow 0$$

$$0 \longrightarrow H^o(B,C,W) \longrightarrow \dots H^{n-1}(A,B,W) \longrightarrow$$

$$H^n(B,C,W) \longrightarrow H^n(A,C,W) \longrightarrow H^n(A,B,W) \longrightarrow \dots .$$

<u>Démonstration.</u> Considérons les deux paires de catégories

$$B\underline{N}C \supset B\underline{M}C \quad \text{et} \quad A\underline{N}C \supset A\underline{M}C$$

et la paire (X,Y) suivante de foncteurs adjoints: le premier transforme un B-homomorphisme $R \longrightarrow C$ en un A-homomorphisme $R \longrightarrow C$ et le deuxième transforme un A-homomorphisme $S \longrightarrow C$ en un B-homomorphisme $B \otimes_A S \longrightarrow C$. En outre Y envoie $A\underline{M}C$ dans $B\underline{M}C$. D'après la proposition 7.1, cette situation donne lieu à une suite spectrale, en particulier pour l'objet $C \xrightarrow{1} C$ de $B\underline{N}C$. Utilisons les notations de la proposition 7.1 et choisissons T = diff W de $A\underline{M}C$ dans la catégorie des C-modules. On a alors:

$$H'_n(XN,T) = H_n(A,C,W)$$

pour $N : C \xrightarrow{1} C$

$$H'_q(XM,T) = H_q(A,\Delta_n B,W)$$

pour $M : \Delta_m B \longrightarrow C$, c'est-à-dire, d'après le lemme 18.1,

$$H_q(A,B,W) \quad \text{si} \quad q \neq o .$$

Donc pour $q \neq o$, le foncteur $\mathcal{H}'_q(X,T)$ est constant. Ainsi pour $q \neq o$, le groupe

$$H_p(N, \mathcal{H}'_q(X,T))$$

est un p-ième groupe d'homologie de l'ensemble simplicial des chaînes

$$\Delta_{i_n} B \longrightarrow \Delta_{i_{n-1}} B \ldots \longrightarrow \Delta_{i_o} B \longrightarrow C .$$

Vu l'existence de l'objet conul $\Delta_o B = B$, ces groupes d'homologie sont nuls sauf en dimension 0 où l'on retrouve le groupe des coefficients. Par conséquent, on a démontré les égalités suivantes:

$$\begin{aligned} H_p(N, \mathcal{X}'_q(X,T)) &= 0 && \text{si} \quad q \neq o \quad \text{et} \quad p \neq o \\ &= H_q(A,B,W) && \text{si} \quad q \neq o \quad \text{et} \quad p = o . \end{aligned}$$

Il reste le cas q = o. Alors d'après le lemme 18.1 le foncteur $\mathcal{X}'_o(X,T)$ se décompose en une partie constante comme ci-dessus et une partie variable égale au foncteur diff W de B<u>M</u>C. Dans le calcul de

$$H_p(N, \mathcal{X}'_o(X,T))$$

la première composante donne 0 si $p \neq o$ et $H_o(A,B,W)$ si $p = o$, comme précédemment, et la deuxième composante donne $H_p(B,C,W)$. On a donc une suite spectrale:

$$E_{p,q} \xrightarrow[p]{} H_n$$

avec

$$\begin{aligned} H_n &= H_n(A,C,W) \\ E_{o,o} &= H_o(A,B,W) \oplus H_o(B,C,W) \\ E_{o,q} &= H_q(A,B,W) \quad \text{si} \quad q \neq o \\ E_{p,o} &= H_p(B,C,W) \quad \text{si} \quad p \neq o \\ E_{p,q} &= 0 \qquad\qquad \text{si} \quad p \neq o \quad \text{et} \quad q \neq o . \end{aligned}$$

Cette suite spectrale donne donc lieu à une suite exacte:

$$\ldots \longrightarrow E_{o,n} \longrightarrow H_n \longrightarrow E_{n,o} \longrightarrow E_{o,n-1} \longrightarrow \ldots$$

ou encore

$$\ldots \longrightarrow H_n(A,B,W) \longrightarrow H_n(A,C,W) \longrightarrow H_n(B,C,W) \longrightarrow H_{n-1}(A,B,W) \ldots .$$

On démontre que les 2 homomorphismes de degré 0 sont les homomorphismes canoniques à l'aide des diagrammes commutatifs suivants:

$$\begin{array}{ccccc} A & \longrightarrow & B & \longrightarrow & C \\ \downarrow & & \downarrow & & \downarrow \\ A & \longrightarrow & C & \longrightarrow & C \end{array} \qquad\qquad \begin{array}{ccccc} A & \longrightarrow & A & \longrightarrow & C \\ \downarrow & & \downarrow & & \downarrow \\ A & \longrightarrow & B & \longrightarrow & C \end{array}$$

On a la même démonstration en cohomologie avec le foncteur der W.

Dans le cas où C est une B-algèbre libre, la proposition redonne le lemme. Dans le cas où B est une A-algèbre libre, on a un résultat analogue.

Corollaire 18.3. Soient B *une* A-*algèbre libre et* C *une* B-*algèbre et* W *un* C-*module. Alors on a l'égalité*

$$H_n(A,C,W) = H_n(B,C,W) \quad \text{pour} \quad n \geqslant 2$$

et la suite exacte

$$0 \longrightarrow H_1(A,C,W) \longrightarrow H_1(B,C,W) \longrightarrow$$

$$H_o(A,B,W) \longrightarrow H_o(A,C,W) \longrightarrow H_o(B,C,W) \longrightarrow 0 \; .$$

Démonstration. On introduit l'hypothèse sous la forme

$$H_n(A,B,W) = 0 \quad \text{pour} \quad n > o$$

dans la longue suite exacte de la proposition 18.2.

On a le résultat dual en cohomologie.

Enfin notons comme autre conséquence de la proposition 18.2 le complément suivant au paragraphe 16.

Proposition 18.4. Considérons une A-*algèbre* B *et un* B-*module* W. *Soit* A_* *un ensemble filtrant de sous-anneaux de* A, *dont la réunion est égale à* A. *Alors l'homomorphisme canonique*

$$\underrightarrow{\lim}\, H_n(A_*,B,W) \longrightarrow H_n(A,B,W)$$

<u>est un isomorphisme pour tout n.</u>

<u>Démonstration.</u> Soit Z l'anneau des entiers. Désignons par A_i un des sous-anneaux en question. Alors à partir du diagramme commutatif suivant:

$$\begin{array}{ccccc} Z & \longrightarrow & A_i & \longrightarrow & B \\ \downarrow & & \downarrow & & \downarrow \\ Z & \longrightarrow & A & \longrightarrow & B \end{array}$$

on obtient un diagramme commutatif dont les lignes sont exactes

$$\begin{array}{ccccccccc} H_n(Z,A_i,W) & \rightarrow & H_n(Z,B,W) & \rightarrow & H_n(A_i,B,W) & \rightarrow & H_{n-1}(Z,A_i,W) & \rightarrow & H_{n-1}(Z,B,W) \\ \downarrow & & \downarrow & & \downarrow & & \downarrow & & \downarrow \\ H_n(Z,A,W) & \rightarrow & H_n(Z,B,W) & \rightarrow & H_n(A,B,W) & \rightarrow & H_{n-1}(Z,A,W) & \rightarrow & H_{n-1}(Z,B,W) \end{array}$$

On passe ensuite à la limite. La première ligne reste exacte. La première et la quatrième colonnes deviennent des isomorphismes en vertu de la proposition 16.2. La deuxième et la cinquième colonnes étant aussi des isomorphismes, le lemme des cinq démontre alors que la troisième colonne est un isomorphisme, ce qu'il fallait démontrer.

<u>19. Produit tensoriel.</u> Nous allons étudier le comportement des groupes d'homologie et de cohomologie vis-à-vis du produit tensoriel soit pour la variable-source, soit pour la variable-but. Tous les résultats découlent de la longue suite exacte du paragraphe précédent et du lemme suivant.

Deux objets simpliciaux augmentés N_* et N'_* d'une catégorie $\underline{N}$ sont dits <u>n-isomorphes,</u> s'il existe des isomorphismes

$$\nu \ : \ N_i \longrightarrow N'_i \qquad i = -1,\ 0,\ 1,\ \dots,\ n,\ n+1$$

compatibles avec les morphismes de face et de dégénérescence:

$$\tilde{\epsilon}^i_j \circ \nu_i \ = \ \nu_{i-1} \circ \tilde{\epsilon}^j_i \qquad \text{pour} \quad 0 \leq j \leq i \leq n+1$$

$$\tilde{\eta}^j_i \circ \nu_i \ = \ \nu_{i+1} \circ \tilde{\eta}^j_i \qquad \text{pour} \quad 0 \leq j \leq i \leq n \ .$$

Lemme 19.1. *Soient B et C deux A-algèbres avec*

$$\mathrm{Tor}_i^A(B,C) = 0 \quad \underline{\text{pour}} \quad 0<i\leq n \ .$$

Alors il existe une A-résolution simpliciale de B notée B_* et une C-résolution simpliciale de $B \otimes_A C$ notée D_* telles que les C-algèbres simpliciales augmentées D_* et $B_* \otimes_A C$ soient n-isomorphes.

Démonstration. Il faut utiliser la construction pas à pas du paragraphe 6 et une forme plus précise de la proposition 5.3. Un 0-simplexe d'un complexe de Kan est dit *presque n-trivial*, si la condition de presque-trivialité (voir le paragraphe 5) est satisfaite pour les simplexes de dimension n. Alors le 0-simplexe 0 d'un groupe abélien simplicial augmenté G_* est presque n-trivial si et seulement si $H_n(G_*)$ est nul. Reportons-nous maintenant à la démonstration de la proposition 17.2. Considérons une A-résolution simpliciale B_* de B obtenue par la construction pas à pas en choisissant habilement le ω_i à chaque pas. Il en découle une C-algèbre simpliciale augmentée $B_* \otimes_A C$ obtenue aussi par la construction pas à pas. Gardons seulement le résultat des pas 0, 1, ..., n, n+1 et continuons la construction en choisissant habilement les ω_i comme dans la démonstration de la proposition 17.2, cette fois pour la C-algèbre $B \otimes_A C$. On obtient ainsi une C-algèbre simpliciale augmentée D_*. Les C-algèbres D_i pour $i \geq 0$ sont libres. En outre D_* est n-isomorphe à $B_* \otimes_A C$. Enfin vu le choix des ω_i pour $i \geq n+2$, le 0-simplexe 0 de D_* est presque i-trivial pour $i \geq n+1$. En vertu de la proposition 5.2, la C-algèbre simpliciale D_* est une C-résolution simpliciale de $B \otimes_A C$ si l'on démontre que le 0-simplexe 0 de D_* est presque i-trivial pour $i \leq n$, autrement dit que le 0-simplexe 0 de $B_* \otimes_A C$ est presque i-trivial pour $i \leq n$. Le lemme serait alors démontré. En vertu de la proposition 5.3 précisée ci-dessus, il suffit donc de démontrer que $H_i(B_* \otimes_A C) = 0$ pour $i \leq n$: on oublie la structure multiplicative de $B_* \otimes_A C$ et on transforme le groupe abélien simplicial augmenté en un complexe augmenté de groupes abéliens. Mais on a $H_k(B_*) = 0$ et les A-modules B_k pour $k \geq 0$ sont libres, donc B_* donne une A-résolution libre du A-module B. Par conséquent

$$H_i(B_* \otimes_A C) = \mathrm{Tor}_i^A(B,C) = 0 \qquad \text{pour} \quad 0<i\leq n$$

pour $i = 0$, on obtient aussi 0 car le foncteur $\otimes_A$ est exact à droite. La démonstration est maintenant complète.

Proposition 19.2. Soient B et C deux A-algèbres, W un $B\otimes_A C$-module et k un entier positif. Si l'on a:

$$\mathrm{Tor}_i^A(B,C) = 0 \qquad \underline{\text{pour tout } i,} \quad 0<i\leq k$$

alors on a des isomorphismes naturels:

$$H_j(A,B,W) \cong H_j(C,B\otimes_A C,W)$$

$$H^j(A,B,W) \cong H^j(C,B\otimes_A C,W)$$

pour tout j, $0\leq j\leq k$.

Démonstration. Soient B_* une A-résolution simpliciale de B et D_* une C-résolution simpliciale de $B\otimes_A C$ avec D_* et $B_*\otimes_A C$ k-isomorphes. Le groupe d'homologie $H_j(A,B,W)$ est donné par le complexe

$$\mathrm{Diff}(A,B_{j+1},W) \longrightarrow \mathrm{Diff}(A,B_j,W) \longrightarrow \mathrm{Diff}(A,B_{j-1},W)$$

isomorphe au complexe

$$\mathrm{Diff}(C,B_{j+1}\otimes_A C,W) \longrightarrow \mathrm{Diff}(C,B_j\otimes_A C,W) \longrightarrow \mathrm{Diff}(C,B_{j-1}\otimes_A C,W)$$

et le groupe d'homologie $H_j(C,B\otimes_A C,W)$ est donné par le complexe

$$\mathrm{Diff}(C,D_{j+1},W) \longrightarrow \mathrm{Diff}(C,D_j,W) \longrightarrow \mathrm{Diff}(C,D_{j-1},W)$$

isomorphe au précédent si $j\leq k$. On obtient donc les mêmes groupes d'homologie en dimension $j\leq k$. On a la démonstration analogue en cohomologie.

Les deux homomorphismes de B et de C dans $B\otimes_A C$ induisent, en homologie par exemple, un homomorphisme

$$H_*(A,B,W)\oplus H_*(A,C,W) \longrightarrow H_*(A,B\otimes_A C,W)$$

pour lequel on a le résultat suivant:

Proposition 19.3. Soient B *et* C *deux A-algèbres,* W *un* $B\otimes_A C$-*module et* k *un entier positif. Si l'on a*

$$\mathrm{Tor}_i^A(B,C) = 0 \quad \text{\underline{pour tout i,}} \quad 0<i\leq k$$

alors on a des isomorphismes naturels:

$$H_j(A,B\otimes_A C,W) \cong H_j(A,B,W)\oplus H_j(A,C,W)$$

$$H^j(A,B\otimes_A C,W) \cong H^j(A,B,W)\oplus H^j(A,C,W)$$

pour tout j, $0\leq j\leq k$.

Démonstration. Pour l'homologie par exemple. Considérons le diagramme suivant:

$$\begin{array}{ccccc} A & \longrightarrow & A & \longrightarrow & B \\ \downarrow & & \downarrow & & \downarrow \\ A & \longrightarrow & C & \longrightarrow & B\otimes_A C \end{array} .$$

Pour j, $0\leq j\leq k$, il lui correspond un diagramme

$$\begin{array}{ccccc} H_j(A,A,W) & \longrightarrow & H_j(A,B,W) & \longrightarrow & H_j(A,B,W) \\ \downarrow & & \downarrow{\scriptstyle\beta} & & \downarrow \\ H_j(A,C,W) & \xrightarrow{\gamma} & H_j(A,B\otimes_A C,W) & \longrightarrow & H_j(C,B\otimes_A C,W) \end{array}$$

où la deuxième ligne est exacte: proposition 18.2 et où la troisième colonne consiste en un isomorphisme: proposition 19.2. Par conséquent β est un monomorphisme et symétriquement γ est un monomorphisme (intervertir le rôle de B et de C). On a donc ci-dessus un diagramme commutatif:

$$\begin{array}{ccccccc} & & & & H_j(A,B,W) & & \\ & & & & \downarrow{\scriptstyle\beta} & \searrow{\scriptstyle 1} & \\ 0 & \longrightarrow & H_j(A,C,W) & \xrightarrow{\gamma} & H_j(A,B\otimes_A C,W) & \longrightarrow & H_j(A,B,W) \end{array}$$

où la ligne est exacte, ce qui démontre la proposition.

Proposition 19.4. Soient D *une A-algèbre,* W *un D-module et* k *un entier positif. Si l'on a*

$$\mathrm{Tor}_i^A(D,D) = 0 \quad \text{\underline{pour tout i,}} \quad 0<i\leq k$$

alors on a des isomorphismes naturels

$$H_j(A,D,W) = H_{j+1}(D \otimes_A D,D,W)$$

$$H^j(A,D,W) = H^{j+1}(D \otimes_A D,D,W)$$

pour tout j, $o \leq j \leq k$; on fait opèrer $D \otimes_A D$ sur D par l'intermédiaire de l'homomorphisme produit.

Démonstration. Pour l'homologie par exemple. En utilisant un des deux homomorphismes canoniques de D dans $D \otimes_A D$, il est facile de voir que l'homomorphisme canonique

$$H_*(A,D \otimes_A D,W) \xrightarrow{\pi} H_*(A,D,W)$$

est un épimorphisme direct. Par conséquent la longue suite exacte correspondant à la situation

$$A \longrightarrow D \otimes_A D \longrightarrow D$$

se décompose en suites exactes courtes scindées

$$0 \longrightarrow H_{j+1}(D \otimes_A D,D,W) \xrightarrow{\eta} H_j(A,D \otimes_A D,W) \xrightarrow{\pi} H_j(A,D,W) \longrightarrow 0 .$$

Les deux homomorphismes canoniques de D dans $D \otimes_A D$ donnent deux homomorphismes ϵ' et ϵ''

$$H_j(A,D,W) \longrightarrow H_j(A,D \otimes_A D,W) .$$

On a $\pi_0(\epsilon' - \epsilon'') = 0$, il existe donc un homomorphisme naturel:

$$H_j(A,D,W) \xrightarrow{\omega} H_{j+1}(D \otimes_A D,D,W)$$

qui est un isomorphisme lorsque la suite suivante est exacte:

$$0 \longrightarrow H_j(A,D,W) \xrightarrow{\epsilon' - \epsilon''} H_j(A,D \otimes_A D,W) \xrightarrow{\pi} H_j(A,D,W) \longrightarrow 0$$

ce qui a lieu lorsque $j \leq k$ d'après la proposition 19.3.

Proposition 19.5. Soient B et C deux A-algèbres, D une $B \otimes_A C$-algèbre, W un D-module et k un entier positif. Si l'on a

$$\left.\begin{array}{l} \mathrm{Tor}_i^A(D,D) = 0 \\ \mathrm{Tor}_i^A(B,C) = 0 \end{array}\right\} \quad \text{pour tout } i, \quad 0<i\leq k$$

alors on a des suites exactes:

$$H_{k+1}(B,D,W) \oplus H_{k+1}(C,D,W) \longrightarrow \cdots\cdot H_{j+1}(B \otimes_A C,D,W) \longrightarrow$$

$$H_j(A,D,W) \longrightarrow H_j(B,D,W) \oplus H_j(C,D,W) \longrightarrow H_j(B \otimes_A C,D,W) \longrightarrow \cdots\cdot 0$$

$$0 \cdots\cdot \longrightarrow H^j(B \otimes_A C,D,W) \longrightarrow H^j(B,D,W) \oplus H^j(C,D,W) \longrightarrow$$

$$H^j(A,D,W) \longrightarrow H^{j+1}(B \otimes_A C,D,W) \cdots\cdot \longrightarrow H^{k+1}(B,D,W) \oplus H^{k+1}(C,D,W) .$$

Il s'agit de suites exactes du type Mayer-Vietoris relatif comme on en rencontre en topologie algébrique, voir [ES] p. 42. L'homomorphisme

$$H_j(A,D,W) \longrightarrow H_j(B,D,W) \oplus H_j(C,D,W)$$

a comme première composante l'homomorphisme dû à $A \longrightarrow B$ avec le signe + et comme deuxième composante l'homomorphise dû à $A \longrightarrow C$ avec le signe - . L'homomorphisme

$$H_j(B,D,W) \oplus H_j(C,D,W) \longrightarrow H_j(B \otimes_A C,D,W)$$

a comme composantes, les homomorphismes dus à $B \longrightarrow B \otimes_A C$ et $C \longrightarrow B \otimes_A C$. Enfin l'homomorphisme

$$H_{j+1}(B \otimes_A C,D,W) \longrightarrow H_j(A,D,W)$$

est égal au composé de l'homomorphisme canonique

$$H_{j+1}(B \otimes_A C,D,W) \longrightarrow H_{j+1}(D \otimes_A D,D,W)$$

et de l'isomorphisme

$$H_{j+1}(D \otimes_A D, D, W) \xrightarrow{\cong} H_j(A, D, W)$$

de la proposition 19.4.

Démonstration. Pour l'homologie par exemple. Pour simplifier l'écriture, on supprime W et on remplace $\otimes_A$ par $\otimes$. Pour $j<k$ on considère les trois diagrammes commutatifs suivants: toutes les colonnes sont des morceaux de suites exactes longues (paragraphe 18), les isomorphismes sont dus à la proposition 19.3.

①

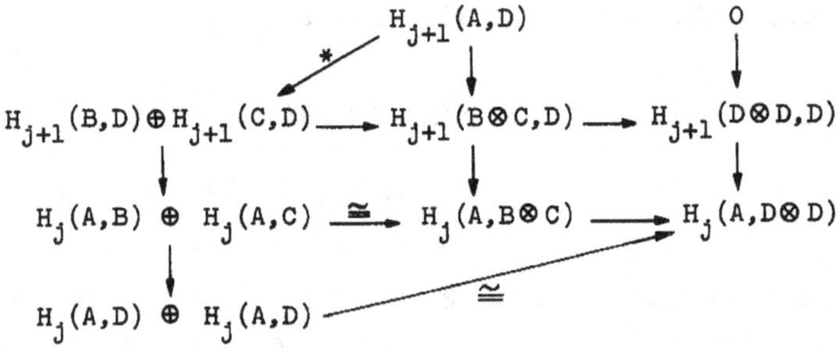

H_{j+1}(A,D)
0
*
H_{j+1}(B,D) ⊕ H_{j+1}(C,D)
H_{j+1}(B⊗C,D)
H_{j+1}(D⊗D,D)
H_j(A,B) ⊕ H_j(A,C)
≅
H_j(A,B⊗C)
H_j(A,D⊗D)
H_j(A,D) ⊕ H_j(A,D)
≅

où * est dû à $A \longrightarrow B$

②

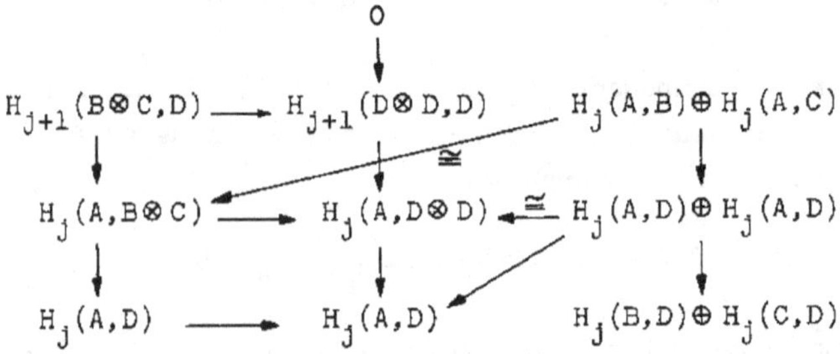

0
H_{j+1}(B⊗C,D)
H_{j+1}(D⊗D,D)
H_j(A,B) ⊕ H_j(A,C)
≅
H_j(A,B⊗C)
H_j(A,D⊗D)
≅
H_j(A,D) ⊕ H_j(A,D)
H_j(A,D)
H_j(A,D)
H_j(B,D) ⊕ H_j(C,D)

③

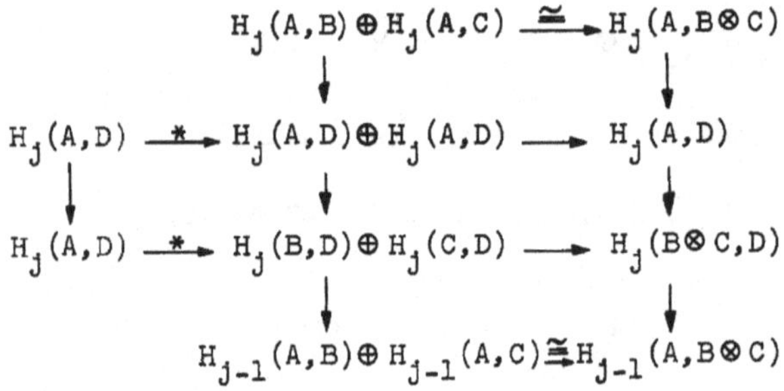

H_j(A,B) ⊕ H_j(A,C)
≅
H_j(A,B⊗C)
H_j(A,D)
*
H_j(A,D) ⊕ H_j(A,D)
H_j(A,D)
H_j(A,D)
*
H_j(B,D) ⊕ H_j(C,D)
H_j(B⊗C,D)
H_{j-1}(A,B) ⊕ H_{j-1}(A,C)
≅
H_{j-1}(A,B⊗C)

où la première composante de * est l'homomorphisme canonique avec le signe + et la deuxième, l'homomorphisme canonique avec le signe - .
De ces trois diagrammes découlent trois suites exactes:

$$H_{j+1}(B,D)\oplus H_{j+1}(C,D) \longrightarrow H_{j+1}(B\otimes C,D) \longrightarrow H_{j+1}(D\otimes D,D)$$

$$H_{j+1}(B\otimes C,D) \longrightarrow H_{j+1}(D\otimes D,D) \longrightarrow H_j(B,D)\oplus H_j(C,D)$$

$$H_j(A,D) \longrightarrow H_j(B,D)\oplus H_j(C,D) \longrightarrow H_j(B\otimes C,D) \ .$$

Enfin le diagramme commutatif suivant:

$$\begin{array}{ccccc}
H_{j+1}(D\otimes D,D) & & \longrightarrow & & H_j(B,D)\oplus H_j(C,D) \\
\uparrow \cong & \searrow & & & \uparrow \\
 & & H_j(A,D\otimes D) & & \\
 & & & \nwarrow \cong & \\
H_j(A,D) & & \xrightarrow[(Id,\ -\ Id)]{} & & H_j(A,D)\oplus H_j(A,D)
\end{array}$$

permet de mettre ces suites exactes bout à bout et l'on obtient ainsi la suite exacte de la proposition.

Enfin notons la généralisation suivante de la proposition 19.2.

<u>Proposition 19.6.</u> *Soient B et D deux A-algèbres, C une B-algèbre, W un $C\otimes_A D$-module et k un entier positif. Si l'on a*

$$\mathrm{Tor}_i^A(B,D) = 0 = \mathrm{Tor}_i^A(C,D)$$

pour tout i, $o<i\leqslant k$, alors on a des isomorphismes naturels

$$H_j(B,C,W) \cong H_j(B\otimes_A D, C\otimes_A D, W)$$

$$H^j(B\otimes_A D, C\otimes_A D, W) \cong H^j(B,C,W)$$

pour tout j, $o\leqslant j\leqslant k$.

Démonstration. On considère le diagramme commutatif suivant:

$$\begin{array}{ccccc} A & \longrightarrow & B & \longrightarrow & C \\ \downarrow & & \downarrow & & \downarrow \\ A & \longrightarrow & B \otimes_A D & \longrightarrow & C \otimes_A D \end{array}$$

et les deux suites exactes qui lui correspondent

$$\begin{array}{ccccccc} \cdots \longrightarrow H_j(A,B,W) & \xrightarrow{\alpha_j} & H_j(A,C,W) & \longrightarrow & H_j(B,C,W) \longrightarrow \cdots \\ \downarrow & & \downarrow & & \downarrow \pi_j \\ \cdots \longrightarrow H_j(A,B \otimes_A D,W) & \xrightarrow{\beta_j} & H_j(A,C \otimes_A D,W) & \longrightarrow & H_j(B \otimes_A D,C \otimes_A D,W) \longrightarrow \cdots \end{array} .$$

Mais en vertu de la proposition 19.3, les homomorphismes β_j et β_{j-1} sont de la forme $\alpha_j \oplus 1$ et $\alpha_{j-1} \oplus 1$ où 1 désigne un certain homomorphisme identité. Par conséquent on a

$$\mathrm{Coker}\ \alpha_j \cong \mathrm{Coker}\ \beta_j$$

$$\mathrm{Ker}\ \alpha_{j-1} \cong \mathrm{Ker}\ \beta_{j-1}$$

et par suite π_j est un isomorphisme. La proposition est ainsi démontrée. Le cas A = B redonne la proposition 19.2.

20. Localisation.

Nous allons voir les effets de la localisation sur la variable-source, sur la variable-but et sur la variable additive.

Lemme 20.1. Soient A un anneau, S une partie multiplicative de A et W un $S^{-1}A$-module. Alors on a pour tout $n \geq 0$:

$$H_n(A,S^{-1}A,W) = 0 = H^n(A,S^{-1}A,W) .$$

Démonstration. Considérons les deux homomorphismes canoniques:

$$H_n(A,S^{-1}A,W) \oplus H_n(A,S^{-1}A,W) \longrightarrow H_n(A,S^{-1}A \otimes_A S^{-1}A,W)$$

$$H_n(A,S^{-1}A \otimes_A S^{-1}A,W) \longrightarrow H_n(A,S^{-1}A,W) .$$

Le premier est un isomorphisme car $S^{-1}A$ est un A-module plat (proposition 19.2) et le deuxième est un isomorphisme car $S^{-1}A \otimes_A S^{-1}A$ est isomorphe à $S^{-1}A$. Par conséquent l'homomorphisme canonique:

$$H_n(A,S^{-1}A,W) \oplus H_n(A,S^{-1}A,W) \longrightarrow H_n(A,S^{-1}A,W)$$

est un isomorphisme, autrement dit $H_n(A,S^{-1}A,W)$ est nul.

Proposition 20.2. Soient A un anneau, S une partie multiplicative de A, B une $S^{-1}A$-algèbre et W un B-module. Alors pour tout $n \geq o$, les homomorphismes canoniques

$$H_n(A,B,W) \longrightarrow H_n(S^{-1}A,B,W)$$

$$H^n(S^{-1}A,B,W) \longrightarrow H^n(A,B,W)$$

sont des isomorphismes.

Démonstration. Utiliser le lemme précédent et la longue suite exacte de la proposition 18.2 pour la situation

$$A \longrightarrow S^{-1}A \longrightarrow B .$$

Proposition 20.3. Soient A un anneau, B une A-algèbre, S une partie multiplicative de B et W un $S^{-1}B$-module. Alors pour tout $n \geq o$, les homomorphismes canoniques

$$H_n(A,B,W) \longrightarrow H_n(A,S^{-1}B,W)$$

$$H^n(A,S^{-1}B,W) \longrightarrow H^n(A,B,W)$$

sont des isomorphismes.

Démonstration. Utiliser le lemme précédent et la longue suite exacte de la proposition 18.2 pour la situation

$$A \longrightarrow B \longrightarrow S^{-1}B .$$

Proposition 20.4. *Soient* B *une* A-*algèbre*, W *un* B-*module et* S *une partie multiplicative de* B. *Alors pour tout* $n \geq 0$ *l'homomorphisme canonique*

$$S^{-1}H_n(A,B,W) \longrightarrow H_n(A,B,S^{-1}W)$$

est un isomorphisme.

Démonstration. L'homorphisme canonique

$$S^{-1}C_*(A,B,W) \longrightarrow C_*(A,B,S^{-1}W)$$

est un isomorphisme puisque $C_n(A,B,W)$ est une somme directe de copies de W. Puisque le foncteur S^{-1} est exact, on obtient alors l'isomorphisme désiré en homologie.

Proposition 20.5 *Soient* B *une* A-*algèbre*, W *un* B-*module et* S *une partie multiplicative de* B. *Alors pour tout* $n \geq 0$ *l'homomorphisme canonique*

$$S^{-1}H^n(A,B,W) \longrightarrow H^n(A,B,S^{-1}W)$$

est un isomorphisme si tous les B-*modules* $H_q(A,B,B)$ *ont une* B-*résolution libre de type fini, par exemple si* A *est un anneau nothérien et* B *une* A-*algèbre de type fini*.

Démonstration. Utilisons la proposition 16.1. Puisque le foncteur S^{-1} est exact, on a deux suites spectrales

$$\begin{array}{ccc} S^{-1}\mathrm{Ext}^p_B(H_q(A,B,B),W) & \underset{p}{\Longrightarrow} & S^{-1}H^n(A,B,W) \\ \downarrow & & \\ \mathrm{Ext}^p_B(H_q(A,B,B),S^{-1}W) & \underset{p}{\Longrightarrow} & H^n(A,B,S^{-1}W) . \end{array}$$

Si tous les $H_q(A,B,B)$ ont une B-résolution libre de type fini, alors les deux termes E^2 des deux suites spectrales sont naturellement isomorphes. Donc les deux suites spectrales sont isomorphes et à la limite on obtient l'isomorphisme désiré. Si A est noethérien et B de type fini, alors les $H_q(A,B,B)$ sont des B-modules de type fini (corollaire 17.3). Ils ont par conséquent une résolution de type fini car B est noethérien.

21. Complétion. Nous allons voir les effets de la complétion sur les variables non-additives et sur la variable additive.

Proposition 21.1. Soient A un anneau noethérien, I un idéal de A et $\hat{A}$ le complété de A pour la topologie I-adique. Soient encore B une A-algèbre, J l'idéal de B engendré par l'image de I, $\hat{B}$ le complété de B pour la topologie J-adique et W un $\hat{B}$-module. Si le A-module B est de type fini, alors pour tout $n \geq 0$ les homomorphismes canoniques

$$H_n(A,B,W) \longrightarrow H_n(\hat{A},\hat{B},W)$$

$$H^n(\hat{A},\hat{B},W) \longrightarrow H^n(A,B,W)$$

sont des isomorphismes.

Démonstration. Pour l'homologie par exemple. D'après la proposition 19.2, on a un isomorphisme

$$H_n(A,B,W) \cong H_n(\hat{A},\hat{A} \otimes_A B,W)$$

car $\hat{A}$ est un module A-plat. On fait opèrer $\hat{A} \otimes_A B$ sur W par l'intermédiaire de l'homomorphisme canonique

$$\hat{A} \otimes_A B \longrightarrow \hat{B} .$$

En fait il s'agit d'un isomorphisme car A est noethérien et B de type fini comme A-module. La proposition est donc démontrée.

Par exemple pour un anneau noethérien A et un idéal I, on a les isomorphismes suivants:

$$H_n(A,A/I,W) \cong H_n(\hat{A},A/I,W)$$

$$H^n(\hat{A},A/I,W) \cong H^n(A,A/I,W) .$$

Proposition 21.2. Soient A un anneau noethérien, B une A-algèbre de type fini, J un idéal de B, W un B-module de type fini. On marque du signe ^ les complétés des B-modules pour la topologie J-adique. Alors les homomorphismes naturels

$$\hat{H}_n(A,B,W) \longrightarrow H_n(A,B,\hat{W})$$

$$\hat{H}^n(A,B,W) \longrightarrow H^n(A,B,\hat{W})$$

sont des isomorphismes.

Démonstration. Pour la cohomologie par exemple. En vertu des propositions 17.1 et 17.2, on peut calculer les groupes de cohomologie

$$H^n(A,B,W) \quad \text{et} \quad H^n(A,B,\hat{W})$$

au moyen des complexes

$$\mathrm{Der}(A,B_*,W) \quad \text{et} \quad \mathrm{Der}(A,B_*,\hat{W})$$

où B_* est une A-résolution simpliciale de type fini. Ceci étant, puisque B est un anneau noethérien et que les B_n sont des A-algèbres libres de type fini, on a des isomorphismes naturels:

$$\hat{B} \otimes_B \mathrm{Der}(A,B_*,W) \cong \mathrm{Der}(A,B_*,\hat{B} \otimes_B W) .$$

Mais $\hat{B}$ est B-plat, par conséquent on a des isomorphismes naturels

$$\hat{B} \otimes_B H^n(A,B,W) \cong H^n(A,B,\hat{B} \otimes_B W) .$$

Mais B est noethérien et les deux B-modules W et $H^n(A,B,W)$ sont de type fini (corollaire 17.3), par conséquent, il s'agit de

$$\hat{H}^n(A,B,W) \quad \text{et} \quad H^n(A,B,\hat{W})$$

respectivement.

22. Cas des corps. Nous allons étudier les groupes d'homologie et de cohomologie lorsque B est un corps et A un sous-corps. On sait que le foncteur dérivation est en étroite relation avec la notion de séparabilité [CC]. Partons donc dans cette direction.

Lemme 22.1. Soient B une extension séparable de degré fini d'un corps A et W un B-module. Alors on a pour tout $n \geq 0$

$$H_n(A,B,W) = 0 = H^n(A,B,W) .$$

Démonstration. Puisque B est une extension séparable de degré fini de A, le $B\otimes_A B$-module B est projectif. Par conséquent

$$\mathrm{Tor}_i^{B\otimes_A B}(B,B) = 0 \quad \text{pour} \quad i>o$$

et on peut appliquer la proposition 19.3:

$$H_n(B\otimes_A B,B,W)\oplus H_n(B\otimes_A B,B,W) \cong H_n(B\otimes_A B,B\otimes_{B\otimes_A B}B,W) .$$

Mais les deux homomorphismes canoniques

$$B \longrightarrow B\otimes_{B\otimes_A B}B$$

sont des isomorphismes. Par conséquent on a l'égalité

$$H_n(B\otimes_A B,B,W) = 0 \quad \text{pour} \quad n\geq o .$$

D'après la proposition 19.4, il en découle l'égalité suivante

$$H_n(A,B,W) = 0 \quad \text{pour} \quad n\geq o .$$

On a la même démonstration en cohomologie.

Proposition 22.2. Soient A un corps, B un surcorps de A et W un espace vectoriel sur B. Alors on a pour tout $n\geq 2$

$$H_n(A,B,W) = 0 = H^n(A,B,W) .$$

Si Z désigne l'anneau des entiers rationnels, on a en outre deux suites exactes:

$$0 \longrightarrow H_1(A,B,W) \longrightarrow H_o(Z,A,W) \longrightarrow H_o(Z,B,W) \longrightarrow H_o(A,B,W) \longrightarrow 0$$

$$0 \longrightarrow H^o(A,B,W) \longrightarrow H^o(Z,B,W) \longrightarrow H^o(Z,A,W) \longrightarrow H^1(A,B,W) \longrightarrow 0 .$$

Enfin si le corps A est parfait, alors on a

$$H_1(A,B,W) = 0 = H^1(A,B,W) .$$

Démonstration. Puisqu'il s'agit d'espaces vectoriels sur B, il suffit de faire la démonstration pour l'homologie. Procédons par étapes pour démontrer l'égalité

$$H_n(A,B,W) = 0 .$$

1) Extension algébrique séparable de degré fini. Le lemme 22.1. donne l'égalité pour $n \geq 0$.
2) Extension transcendante pure. On présente B comme corps des fractions d'une A-algèbre libre et on applique la proposition 20.3. On obtient alors l'égalité pour $n \geq 1$.
3) Extension de type fini d'un corps parfait. D'après le théorème de F.K. Schmidt, il existe une base de transcendance séparante. Autrement dit on a la situation suivante:

$$A \longrightarrow C \longrightarrow B$$

où la première extension est transcendante pure et la deuxième, algébrique séparable de degré fini. Par l'intermédiaire de la proposition 18.2, des deux cas précédents, on déduit l'égalité pour $n \geq 1$.
4) Extension d'un corps parfait. On applique la proposition 16.2, où B_* désigne l'ensemble des sous-corps de B qui sont des extensions de type fini de A. Du cas précédent découle donc l'égalité pour $n \geq 1$.
5) Extension quelconque. On considère

$$K \longrightarrow A \longrightarrow B$$

où K est le corps premier. Par l'intermédiaire de la proposition 18.2, du cas précédent on déduit l'égalité pour $n \geq 2$.

La proposition est donc démontrée.

Proposition 22.3. Soient A un anneau, I un idéal premier de A, A_I l'anneau local correspondant et KA_I le corps résiduel de A_I. Soient B une A-algèbre, J un idéal premier de B au-dessus de I, B_J l'anneau local correspondant et KB_J le corps résiduel de B_J. Soit enfin W un espace vectoriel sur KB_J. Alors il existe une suite exacte

$$\dots \longrightarrow H_n(A,B,W) \longrightarrow H_n(A_I,KA_I,W) \longrightarrow H_n(B_J,KB_J,W)$$

$$\longrightarrow H_{n-1}(A,B,W) \longrightarrow \dots H_2(B_J,KB_J,W) \longrightarrow H_1(A,B,W) .$$

Démonstration. A l'aide de la longue suite exacte correspondant à

$$A_I \longrightarrow KA_I \longrightarrow KB_J$$

on établit, à partir de la proposition 22.2, les isomorphismes suivants:

$$H_n(A_I,KA_I,W) \cong H_n(A_I,KB_J,W) \quad n\geqslant 2 .$$

On a en outre les isomorphismes suivants:

$$H_n(A,B,W) \cong H_n(A_I,B_J,W) \quad n\geqslant 0$$

en appliquant les propositions 20.2 et 20.3. Le résultat découle donc de la longue suite exacte correspondant à

$$A_I \longrightarrow B_J \longrightarrow KB_J .$$

23. Filtrations. Soient A un anneau filtré et W' et W" deux modules filtrés. Considérons l'anneau gradué associé GA et les modules gradués associés GW' et GW". On connaît l'existence d'une suite spectrale, convergente dans certains cas, reliant entre eux

$$\mathrm{Tor}_*^{GA}(GW',GW") \quad \text{et} \quad \mathrm{Tor}_*^{A}(W',W")$$

(voir [Se]' p. II. 17 par exemple). Je vais établir de même une suite spectrale reliant entre eux

$$H_*(GA,GB,GW) \quad \text{et} \quad H_*(A,B,W)$$

et en étudier la convergence. On ne considère que des filtrations positives notées $F^\bullet$.

Soient donc A un anneau filtré et B une A-algèbre filtrée. La A-algèbre filtrée B est dite libre s'il s'agit d'une A-algèbre libre et s'il est possible de trouver des générateurs x_i et des entiers $n_i \geq o$ décrivant la filtration de la manière simple suivante. Le groupe abélien F^pB est engendré par les éléments suivants:

$$\gamma x_{i_1}^{\alpha_1} x_{i_2}^{\alpha_2} \ldots . x_{i_k}^{\alpha_k} \quad \text{avec } \gamma \in F^hA \quad \text{et} \quad h + \alpha_1 n_{i_1} + \ldots . + \alpha_k n_{i_k} \geq p .$$

Par conséquent on a:

$$F^pB = \sum_{o \leq q} F^p_q B$$

le groupe abélien F^p_qB de la somme directe étant engendré par les éléments suivants:

$$\gamma x_{i_1}^{\alpha_1} x_{i_2}^{\alpha_2} \ldots . x_{i_k}^{\alpha_k} \quad \text{avec } \gamma \in F^{p-q}A \quad \text{et} \quad \alpha_1 n_{i_1} + \ldots . + \alpha_k n_{i_k} = q$$

(on pose $F^{p-q}A = A$ si $q \geq p$).

Lemme 23.1. Soit B une A-algèbre filtrée libre. Alors GB est une GA-algèbre libre.

Démonstration. Compte tenu de la décomposition de F^pB en facteurs directs, il est immédiat de voir que GB a comme générateurs libres les ξ_i; on dénote par ξ_i la classe de x_i dans le groupe $F^{n_i}B/F^{n_i+1}B$.

Considérons maintenant une A-algèbre filtrée libre B et un B-module filtré W. Il est alors possible de filtrer Diff(A,B,W) d'une manière canonique. Utilisons un système de générateurs x_i comme ci-dessus, alors un élément de F^pDiff(A,B,W) a la forme suivante:

$$\sum w_k \, dx_{i_k} \quad \text{avec} \quad w_k \in F^{p-n_{i_k}} W .$$

Lemme 23.2. Soient B une A-algèbre filtrée libre et W un B-module filtré. Alors G Diff(A,B,W) est isomorphe à Diff(GA,GB,GW).

Démonstration. Immédiate si l'on remarque que Diff(GA,GB,GW) est une somme de copies de GW, une pour chaque générateur $d\xi_i$. En outre l'isomorphisme du lemme est naturel par rapport à B libre et à W.

Considérons maintenant un anneau filtré A et une A-algèbre filtrée B. Une A-résolution simpliciale filtrée de B est un objet simplicial augmenté B_*, dans la catégorie des A-algèbres filtrées, qui satisfait aux conditions suivantes:

1) la A-algèbre filtrée B_{-1} est isomorphe à B;
2) les A-algèbres filtrées B_n sont libres pour $n \geq o$;
3) les complexes de Kan augmentés F^pB_* sont presque triviaux (définition au paragraphe 5).

Autrement dit le complexe suivant de groupes abéliens

$$\cdots \longrightarrow F^pB_n \xrightarrow{\sum (-1)^i \epsilon_n^i} F^pB_{n-1} \cdots \longrightarrow F^pB_{-1} \longrightarrow 0$$

est acyclique ou encore le 0-simplexe 0 de F^pB_* est presque trivial et l'homomorphisme canonique de F^pB_o dans F^pB_{-1} est surjectif.

Lemme 23.3. Une A-algèbre filtrée B possède une A-résolution simpliciale filtrée B_*.

Démonstration. Reportons-nous à la démonstration de la proposition 17.2. Dans le cas filtré, on choisit à chaque pas non seulement le morphisme ω_i mais encore un degré pour chaque générateur canonique m_k de M_i. Il est toujours possible de le faire de manière à ce que la condition suivante soit satisfaite. Si x est un élément de

$$F^pN_n \cap \operatorname{Ker} \tilde{\epsilon}_n^o \cap \ldots \cap \operatorname{Ker} \tilde{\epsilon}_n^n$$

alors cet élément est de la forme suivante

$$\sum q_k \cdot \omega_{n+1}(m_k) \quad \text{avec} \quad q_k \in F^{p_k} N_n \quad \text{et} \quad p_k + \deg(m_k) \geq p \ .$$

Les générateurs des M_i étant alors munis d'un degré, les générateurs des N_i le sont aussi. Il est alors immédiat que les $\tilde{\varepsilon}$ et les $\tilde{\eta}$ respectent les filtrations. En outre on démontre que le complexe de Kan $F^p N_*$ est presque trivial à l'aide du simplexe suivant de $F^p N_{n+1}$

$$\sum \tilde{\eta}_n^o(q_k) \cdot m_k$$

en ce qui concerne x. Le lemme est alors démontré.

Lemme 23.4. Soit B_* une A-résolution simpliciale filtrée de B. Alors GB_* est une GA-résolution simpliciale de GB.

Démonstration. On sait déjà que GB_n est une GA-algèbre libre. En outre puisque tous les complexes de groupes abéliens $F^p B_*$ sont acycliques, il en est de même du complexe de groupes abéliens GB_*.

Tous ces lemmes démontrent donc le résultat suivant.

Proposition 23.5. Soit B_* une A-résolution simpliciale filtrée de B et soit W un B-module filtré. Alors le complexe Diff(A,B_*,W), dont les groupes d'homologie sont les $H_n(A,B,W)$ peut être filtré de manière à ce que le complexe associé G Diff (A,B_*,W) ait les $H_n(GA,GB,GW)$ comme groupes d'homologie.

Cela donne lieu à une suite spectrale aboutissant à $H_*(A,B,W)$ pour laquelle on a

$$\sum_{p+q=n} E^1_{p,q} = H_n(GA,GB,GW) \ .$$

Mais en général cette suite spectrale ne converge pas. Nous allons donc introduire une condition noethérienne pour pouvoir utiliser [Se]' p. II 16 et 17. Démontrons en premier lieu un complément au lemme 23.3.

Proposition 23.6. *Soient A un anneau noethérien et B une A-algèbre de type fini. Soit I un idéal de A. Munissons A et B des filtrations I-adiques. Alors il existe une A-résolution simpliciale filtrée de B, où les A-algèbres libres B_n sont de type fini.*

Démonstration. On utilise le procédé décrit au cours de la démonstration du lemme 23.3. Il nous faut simplement démontrer qu'à chaque pas les m_k peuvent être choisis en nombre fini. Autrement dit il faut démontrer le lemme suivant. Pour le premier pas, on donne le degré 0 à chaque variable de B_o.

Lemme 23.7. *Soient A un anneau noethérien filtré par la filtration I-adique et B une A-algèbre filtrée libre de type fini. Considérons un idéal M de B. Alors il existe un nombre fini d'éléments m_k de M et d'entiers n_k tels que $m_k \in F^{n_k}B$ et que tout élément de $F^pB \cap M$ soit de la forme*

$$\sum \beta_k \cdot m_k \quad \underline{\text{avec}} \quad \beta_k \in F^{p-n_k}B \ .$$

Démonstration. On utilise l'idée de Cartier pour la démonstration du théorème d'Artin-Rees, [Se] ' p. II. 9. Considérons donc l'anneau gradué suivant

$$F^0B \oplus F^1B \oplus F^2B \ \ldots\ldots \ = \ \mathcal{B}$$

et l'idéal homogène suivant

$$F^0M \oplus F^1M \oplus F^2M \ \ldots\ldots \ = \ \mathcal{M}$$

avec $$F^pM = M \cap F^pB \ .$$

Il nous faut démontrer que l'idéal $\mathcal{M}$ a un nombre fini de générateurs. Il suffit donc de vérifier que l'anneau $\mathcal{B}$ est noethérien, ou encore que $\mathcal{B}$ est une A-algèbre de type fini. Considérons un ensemble fini $\{x_i\}$ de générateurs de la A-algèbre B et un ensemble fini $\{f_j\}$ de générateurs du A-module I. On note par n_i le degré de x_i. Alors la A-algèbre $\mathcal{B}$ a les générateurs suivants:

f_j dans F^1B

x_i dans $F^0B, F^1B, \ldots, F^{n_i}B$.

Le lemme est alors démontré.

Proposition 23.8. Soient A un anneau noethérien, B une A-algèbre de type fini, W un B-module de type fini et I un idéal de A. Munissons A, B et W des filtrations I-adiques. Alors il existe une suite spectrale qui converge vers les $H_n(A,B,W)$ munis de filtrations I-bonnes et qui commence par les $H_n(GA,GB,GW)$:

$$\sum_{p+q=n} E^1_{p,q} = H_n(GA,GB,GW).$$

Démonstration. Considérons une A-résolution simpliciale filtrée B_* de B, de type fini (proposition 23.6). Alors le complexe de B-modules

$$\mathrm{Diff}(A,B_*,W)$$

est filtré (proposition 23.5) et donne lieu à une suite spectrale. Elle jouit des deux propriétés ci-dessus en vertu des résultats de [Se]' p. II-16. En effet le B-module $\mathrm{Diff}(A,B_n,W)$ est de type fini et est muni d'une filtration I-bonne. Il s'agit en fait d'une somme directe finie de copies de W avec décalage de la filtration. La proposition est donc démontrée.

Corollaire 23.9. Soient A un anneau noethérien, B une A-algèbre de type fini, W un B-module de type fini et I un idéal de A dont l'image dans B est contenue dans le radical de B. Alors si $H_n(GA,GB,GW)$ est nul pour un n fixé, il en est de même pour $H_n(A,B,W)$.

Démonstration. Puisque $H_n(GA,GB,GW)$ est nul on a

$$H_n(A,B,W) = F^pH_n(A,B,W)$$

mais la topologie de $H_n(A,B,W)$ est séparée. Donc $H_n(A,B,W)$ est nul.

Il est utile de pouvoir considérer parfois deux suites spectrales en même temps.

Proposition 23.10. Considérons un carré commutatif d'anneaux filtrés

$$\begin{array}{ccc} A' & \longrightarrow & B' \\ \downarrow & & \downarrow \\ A & \longrightarrow & B \end{array}$$

et un B-module filtré W. Alors il existe un homomorphisme de la suite spectrale de (A',B',W) dans la suite spectrale de (A,B,W).

Démonstration. Il suffit de construire un homomorphisme de résolutions simpliciales filtrées

$$B'_* \xrightarrow{\Omega} B_*$$

qui prolonge l'homomorphisme de B' dans B. Plus exactement Ω doit satisfaire aux conditions suivantes:

1) Ω est un A'-homomorphisme;
2) Ω respecte les filtrations;
3) Ω commute aux opérateurs de face et de dégénérescence.

Si on utilise des résolutions données par la construction pas à pas, comme dans la démonstration du lemme 23.3, il suffit d'obtenir à chaque pas un diagramme commutatif

$$\begin{array}{ccc} M'_n & \xrightarrow{\omega'_n} & N'_{n-1} \\ {\scriptstyle \bar{\Omega}_n}\downarrow & & \downarrow{\scriptstyle \Omega_{n-1}} \\ M_n & \xrightarrow{\omega_n} & N_{n-1} \end{array}$$

où $\bar{\Omega}_n$ est un A'-homomorphisme qui respecte les filtrations. On en déduit alors un Ω_n. On peut obtenir des $\bar{\Omega}_n$ de la manière simple suivante. On effectue la construction de B'_* et de B_* en même temps. Au cours du n-ième pas, on construit en premier lieu ω_n d'une manière indépendante, puis on ajoute à M_n autant de variables qu'en a M'_n ce qui donne automatiquement un $\bar{\Omega}_n$. Plus exactement on considère

$$M_n \otimes_{A'} M'_n$$

qui est une A-algèbre filtrée libre, puis on remplace ω_n par

$$(\omega_n, \Omega_{n-1} \circ \omega'_n) : M_n \otimes_{A'} M'_n \longrightarrow N_{n-1}$$

enfin

$$\bar{\Omega}_n \quad : M'_n \longrightarrow M_n \otimes_{A'} M'_n$$

est l'homomorphisme canonique. Le n-ième pas est alors achevé. Finalement on obtient deux résolutions avec un Ω comme demandé. Remarquons que si (A',B') et (A,B) satisfont aux conditions de la proposition 23.6, alors on peut construire Ω avec B'_n et B_n de type fini pour tout n. C'est clair car si M'_n et M_n peuvent être construits avec un nombre fini de générateurs, alors $M_n \otimes_{A'} M'_n$ a aussi un nombre fini de générateurs.

<u>24. Relation avec les Tor.</u> Il existe une relation entre les groupes $H_n(A,B,W)$ et le $Tor^A(B,B)$-module gradué $Tor^A(B,W)$. Je ne suis parvenu à démontrer un résultat satisfaisant qu'en dimensions 0, 1, 2, et 3, comme nous le verrons dans les paragraphes suivants.

. On désigne par la même notation W_* un module simplicial et le complexe de modules qui lui est associé. On désigne par $\otimes^s$ le produit tensoriel des modules simpliciaux et par $\otimes^c$ le produit tensoriel des complexes de modules

$$(W_* \otimes^s W'_*)_n = W_n \otimes W'_n$$

$$(W_* \otimes^c W'_*)_n = W_o \otimes W'_n \oplus W_1 \otimes W'_{n-1} \oplus \dots .$$

Soit B une A-algèbre pour laquelle l'homomorphisme canonique $\pi : A \longrightarrow B$ est un épimorphisme et soit B_* une A-résolution simpliciale de B. En utilisant la construction pas à pas (proposition 17.2) on peut toujours supposer les deux conditions suivantes satisfaites:

1) l'homomorphisme $\varepsilon_o^o : B_o \longrightarrow B$ est égal à la surjection $\pi : A \longrightarrow B$.

2) les images canoniques dans B des générateurs canoniques des B_n sont nulles.

En vertu du théorème d'Eilenberg-Zilber [Go] p. 63, les complexes de A-modules $B_* \otimes_A^c B_*$ et $B_* \otimes_A^s B_*$ sont homotopiquement équivalents. Soit

$$f : B_* \otimes_A^c B_* \longrightarrow B_* \otimes_A^s B_*$$

une telle équivalence.

Ceci étant, considérons le produit

$$p : B_* \otimes_A^s B_* \longrightarrow B_* .$$

Par composition, on obtient donc un homomorphisme de complexes de A-modules libres:

$$p \circ f : B_* \otimes_A^c B_* \longrightarrow B_*$$

qui prolonge l'homomorphisme identité:

$$B = B \otimes_A B \longrightarrow B .$$

On sait en outre que le complexe B_* est une résolution du A-module B. Ainsi l'homomorphisme $p \circ f$ est exactement ce qu'il faut pour définir le $\pitchfork$-produit

$$\mathrm{Tor}_p^A(M,B) \otimes \mathrm{Tor}_q^A(M',B) \longrightarrow \mathrm{Tor}_{p+q}^A(M \otimes_A M',B)$$

(voir [CE] p. 211):

$$H_p(M \otimes_A B_*) \otimes H_q(M' \otimes_A B_*) \longrightarrow$$

$$H_{p+q}(M \otimes_A M' \otimes_A B_* \otimes_A^c B_*) \longrightarrow H_{p+q}(M \otimes_A M' \otimes_A B_*) .$$

Considérons maintenant la B-algèbre simpliciale $K_* = B_* \otimes_A B$. Cette fois on a les deux propriétés suivantes:

1) l'homomorphisme $\tilde{\epsilon}_o^o : K_o \longrightarrow B$ est égal à l'identité $1 : B \longrightarrow B$;

2) les images canoniques dans B des générateurs canoniques des K_n sont nulles.

Notons par K_n^+ l'idéal de K_n engendré par les générateurs canoniques de la B-algèbre libre K_n. Puisque K_n^+ est le noyau de l'épimorphisme canonique de K_n sur B, on obtient en fait un idéal simplicial K_*^+ de K_*. Notons enfin par K_*^{++} l'idéal simplicial $K_*^+ \cdot K_*^+$. On a alors un isomorphisme

$$\mathrm{Diff}(A,B_*,W) \cong K_*^+/K_*^{++} \otimes_B W$$

où W est un B-module. Par conséquent nous avons deux isomorphismes que nous allons utiliser

$$H_n(K_*^+/K_*^{++} \otimes_B W) \cong H_n(A,B,W)$$

$$H_n(K_* \otimes_B W) \cong \mathrm{Tor}_n^A(B,W) .$$

Considérons maintenant les trois suites exactes suivantes:

1) $0 \longrightarrow K_*^+ \longrightarrow K_* \longrightarrow B \longrightarrow 0$

2) $0 \longrightarrow K_*^{++} \longrightarrow K_*^+ \longrightarrow K_*^+/K_*^{++} \longrightarrow 0$

3) $0 \longrightarrow L_* \longrightarrow K_*^+ \otimes_B^s K_*^+ \longrightarrow K_*^{++} \longrightarrow 0$

(où B de la première suite est le complexe trivial avec B en chaque dimension et où L_* de la troisième suite est le noyau du produit $K_*^+ \otimes_B^s K_*^+ \longrightarrow K_*$). Ces trois suites restent exactes si on en fait le produit tensoriel avec W, puisque les trois modules de droite sont libres. Il en découle trois longues suites exactes:

1) $\ldots . H_n(K_*^+ \otimes_B W) \longrightarrow H_n(K_* \otimes_B W) \longrightarrow H_n(B \otimes_B W) \ldots .$

2) $\ldots . H_n(K_*^{++} \otimes_B W) \longrightarrow H_n(K_*^+ \otimes_B W) \longrightarrow H_n(K_*^+/K_*^{++} \otimes_B W) \ldots .$

3) $\ldots . H_n(L_* \otimes_B W) \longrightarrow H_n(K_*^+ \otimes_B^s K_*^+ \otimes_B W) \longrightarrow H_n(K_*^{++} \otimes_B W) \ldots . .$

La première longue suite exacte démontre que de l'injection découle en dimension n>o un isomorphisme

$$H_n(K_*^+ \otimes_B W) \cong H_n(K_* \otimes_B W) \cong \mathrm{Tor}_n^A(B,W) .$$

Par conséquent la deuxième suite exacte contient en particulier un homomorphisme

$$r_n : \mathrm{Tor}_n^A(B,W) \longrightarrow H_n(A,B,W) .$$

Proposition 24.1. Soient $\pi : A \longrightarrow B$ un épimorphisme d'anneaux et W un B-module. Alors en dimension n>o, le noyau de l'homomorphisme canonique

$$\mathrm{Tor}_n^A(B,W) \longrightarrow H_n(A,B,W)$$

contient les π-produits

$$\mathrm{Tor}_p^A(B,B)\cdot\mathrm{Tor}_q^A(B,W) \qquad p,q>o \quad p+q = n .$$

Démonstration. Soit F une équivalence d'homotopie entre les foncteurs $\otimes_A^c$ et $\otimes_A^s$ ayant comme source le produit par elle-même de la catégorie des A-modules simpliciaux et comme but la catégorie des complexes de A-modules. Il existe toujours un tel F (théorème d'Eilenberg-Zilber [Go] p. 63). Considérons maintenant les deux homomorphismes canoniques de A-modules:

$$B_* \longrightarrow K_* \longleftarrow K_*^+ .$$

Alors F donne en particulier un diagramme commutatif

$$\begin{array}{ccc} B_* \otimes_A^c B_* & \xrightarrow{f} & B_* \otimes_A^s B_* \\ \downarrow & & \downarrow \\ K_* \otimes_A^c K_* & \xrightarrow{\bar{f}} & K_* \otimes_A^s K_* \\ \uparrow & & \uparrow \\ K_*^+ \otimes_A K_*^+ & \xrightarrow{f^+} & K_*^+ \otimes_A^s K_*^+ \end{array}$$

où les flèches horizontales sont des équivalences d'homotopie.

Autrement dit, il existe une équivalence d'homotopie

$$f : B_* \otimes_A^c B_* \longrightarrow B_* \otimes_A^s B_*$$

jouissant de la propriété suivante:
(*) l'équivalence d'homotopie

$$\overline{f} = f \otimes_A B : K_* \otimes_B^c K_* \longrightarrow K_* \otimes_B^s K_*$$

induit une équivalence d'homotopie

$$f^+ \quad : K_*^+ \otimes_B^c K_*^+ \longrightarrow K_*^+ \otimes_B^s K_*^+ .$$

On démontre alors la proposition à l'aide du diagramme commutatif suivant pour p>o, q>o, n = p+q

$$\begin{array}{ccc} H_p(K_*^+) \otimes_B H_q(K_*^+ \otimes_B W) & \longrightarrow & H_n(K_*^+ \otimes {}_B^c K_*^+ \otimes_B W) \\ \downarrow & & \downarrow \\ H_p(K_*) \otimes_B H_q(K_* \otimes_B W) & \longrightarrow & H_n(K_* \otimes {}_B^c K_* \otimes_B W) \end{array}$$

$$\begin{array}{ccccc} \longrightarrow & H_n(K_*^+ \otimes {}_B^s K_*^+ \otimes_B W) & \longrightarrow & H_n(K_*^{++} \otimes_B W) \\ & \downarrow & & \downarrow \\ \longrightarrow & H_n(K_* \otimes_B^s K_* \otimes_B W) & \longrightarrow & H_n(K_* \otimes_B W) . \end{array}$$

On sait que la deuxième ligne définit le $\pitchfork$-produit

$$\mathrm{Tor}_p^A(B,B) \otimes_B \mathrm{Tor}_q^A(B,W) \longrightarrow \mathrm{Tor}_n^A(B,W)$$

et on sait que l'image de $H_n(K_*^{++} \otimes_B W)$ appartient au noyau de l'homomorphisme

$$\mathrm{Tor}_n^A(B,W) \longrightarrow H_n(A,B,W) .$$

La proposition est donc démontrée.

Nous allons voir qu'il est possible de dire plus en basses dimensions.

25. Dimension 1. En dimension 1, il est possible de décrire explicitement les groupes d'homologie.

Proposition 25.1. Soit $\pi : A \longrightarrow B$ un épimorphisme d'anneaux de noyau I et soit W un B-module. Alors on a les égalités suivantes:

$$H_1(A,B,W) \cong Tor_1^A(B,W) \cong I/I^2 \otimes_B W .$$

Avant de passer à la démonstration, considérons le cas particulier suivant : π est l'épimorphisme canonique de $D \otimes_A D$ sur D, où D est une A-algèbre. Utilisons alors les propositions 19.4 et 25.1 pour établir les isomorphismes suivants:

$$H_o(A,D,W) \cong H_1(D \otimes_A D,D,W) \cong I/I^2 \otimes_D W \cong Diff(A,D,W)$$

le dernier isomorphisme étant la définition même de Diff dans le cas général d'une algèbre non-libre (voir [CC] par exemple).

Démonstration. Reportons-nous au paragraphe 24. Puisque $K_o^+ = 0$, on a

$$H_o(L_* \otimes_B W) = 0 = H_o(K_*^{++} \otimes_B W)$$

$$H_1(K_*^+ \otimes_B^s K_*^+ \otimes_B W) = H_1(K_*^+ \otimes_B^c K_*^+ \otimes_B W) = 0 .$$

Par l'intermédiaire des longues suites exactes 2 et 3, on démontre alors que l'on a un isomorphisme

$$H_1(K_*^+ \otimes_B W) \longrightarrow H_1(K_*^+/K_*^{++} \otimes_B W)$$

c'est-à-dire un isomorphisme

$$Tor_1^A(B,W) \longrightarrow H_1(A,B,W)$$

ce qui démontre la proposition.

En cohomologie on obtient les égalités suivantes:

$$H^1(A,B,W) \cong Ext_A^1(B,W) = Hom_B(I/I^2,W)$$

lorsqu'il s'agit d'un épimorphisme de A sur B. Notons encore le résultat suivant dû à J. Beck [Be]. Considérons une A-algèbre B et un B-module W. Une A-extension abélienne de B par W est un épimorphisme $\pi : X \longrightarrow B$ de A-algèbres, satisfaisant aux conditions suivantes :

$$\mathrm{Ker}\ \pi \cong W \quad \text{(comme A-modules)}$$
$$x\cdot w = \pi x\cdot w \quad \text{(le produit d'un élément x}$$

de X et d'un élément w du noyau est égal au transformé de w par πx). On identifie ensuite deux extensions isomorphes et on obtient, avec la somme de Baer, un groupe abélien

$$\text{A-Extab}(B,W)\ .$$

<u>Proposition 25.2.</u> <u>Soient</u> B <u>une</u> A-<u>algèbre et</u> W <u>un</u> B-<u>module. Alors on a un isomorphisme canonique</u>

$$H^1(A,B,W) \cong \text{A-Extab}(B,W)\ .$$

Je renvoie à [Be] pour la démonstration. J'indique seulement comment on passe d'une extension à une classe de cohomologie. Considérons une A-extension abélienne $W \subset X \xrightarrow{\pi} B$. On choisit un relèvement r de π et on construit un 1-cocycle comme suit. Si α est une application d'ensembles de $\Delta_n A$ dans X, on dénote par $\langle\alpha\rangle$ l'homomorphisme de A-algèbres de $\Delta_n A$ dans X, égal à α sur les générateurs canoniques. Le 1-cocycle en question est alors le suivant: à l'élément

$$\Delta_{n_1} A \xrightarrow{\alpha} \Delta_{n_0} A \xrightarrow{\beta} B$$

correspond la A-dérivation

$$\langle r \circ \beta \circ \alpha\rangle - \langle r \circ \beta\rangle \circ \alpha$$

de $\Delta_{n_1} A$ dans W. On vérifie que la classe de ce 1-cocycle est indépendante du choix de r.

Dès maintenant démontrons le résultat suivant en dimension 2.

Proposition 25.3. Soit $A \supset K \supset J \supset I$ un anneau avec trois idéaux. Supposons $H_2(A,A/J,A/K)$ nul. Alors on a un isomorphisme naturel

$$H_2(A/I,A/J,A/K) \cong I \cap J\cdot K/I\cdot K .$$

Démonstration. Utilisons la suite exacte

$$H_2(A,A/J,A/K) \to H_2(A/I,A/J,A/K) \to H_1(A,A/I,A/K) \to H_1(A,A/J,A/K)$$

c'est-à-dire

$$0 \to H_2(A/I,A/J,A/K) \to I/I^2 \otimes_A A/K \to J/J^2 \otimes_A A/K$$

ou encore

$$0 \to H_2(A/I,A/J,A/K) \to I/IK \to J/JK$$

et ceci donne l'isomorphisme en question.

26. Dimension 2. Dans le cas général en dimension 2, on a le résultat suivant.

Proposition 26.1. Soit $\pi : A \to B$ un épimorphisme d'anneaux et soit W un B-module. Alors on a un isomorphisme naturel

$$\mathrm{Tor}_2^A(B,W)/\mathrm{Tor}_1^A(B,B)\cdot\mathrm{Tor}_1^A(B,W) \cong H_2(A,B,W) .$$

Démonstration. Plaçons-nous dans la situation de la démonstration de la proposition 24.1. Considérons la longue chaîne suivante d'homomorphismes:

$$H_1(K_*^+) \otimes_B H_1(K_*^+ \otimes_B W) \to H_2(K_*^+ \otimes_B^c K_*^+ \otimes_B W)$$

$$\to H_2(K_*^+ \otimes_B^s K_*^+ \otimes_B W) \to H_2(K_*^{++} \otimes_B W) \to H_2(K_*^+ \otimes_B W) .$$

Le premier homomorphisme est un isomorphisme puisque K_o^+ est nul. Le deuxième homomorphisme est aussi un isomorphisme (théorème d'Eilenberg-Zilber). Le troisième homomorphisme est un épimorphisme (utiliser la troisième longue suite exacte et le fait que $H_1(L_* \otimes_B W)$

est nul: lemme 26.3). Enfin on sait que le composé de ces quatre homomorphismes est le $\mathfrak{m}$-produit

$$\mathrm{Tor}_1^A(B,B) \otimes_B \mathrm{Tor}_1^A(B,W) \longrightarrow \mathrm{Tor}_2^A(B,W) .$$

Par conséquent l'image du quatrième homomorphisme est tout simplement

$$\mathrm{Tor}_1^A(B,B)\cdot\mathrm{Tor}_1^A(B,W) = \Omega .$$

D'autre part on a vu au cours de la démonstration de la proposition 25.1 que $H_1(K_*^{++} \otimes_B W)$ est nul. De la deuxième longue suite exacte découle donc la suite exacte courte

$$0 \longrightarrow \Omega \longrightarrow \mathrm{Tor}_2^A(B,W) \longrightarrow H_2(A,B,W) \longrightarrow 0$$

qui démontre la proposition.

Il serait bon de donner à la proposition précédente une forme plus explicite. Considérons une A-algèbre B et un épimorphisme π d'une A-algèbre libre $\mathcal{A}$ sur la A-algèbre B. Soit $\mathfrak{I}$ le noyau de π. Considérons le produit tensoriel $\mathfrak{I} \otimes_{\mathcal{A}} \mathfrak{I}$ et le complexe suivant:

$$\mathfrak{I} \otimes_{\mathcal{A}} \mathfrak{I} \xrightarrow{\ \sigma\ } \mathfrak{I} \otimes_{\mathcal{A}} \mathfrak{I} \xrightarrow{\ \tau\ } \mathfrak{I}$$

avec
$$\sigma(x\otimes y) = x\otimes y - y\otimes x$$
$$\tau(x\otimes y) = xy$$

Appelons $\hat{\mathcal{A}}$ le $\mathcal{A}$-module d'homologie de ce complexe. En fait il s'agit même d'un B-module. En effet un élément de $\hat{\mathcal{A}}$ est représenté par un élément

$$\sum x_i \otimes y_i \qquad \text{avec} \qquad \sum x_i y_i = 0$$

et si z est un élément de $\mathfrak{I}$, on a alors

$$z\sum x_i\otimes y_i = \sum zx_i\otimes y_i = \sum z\otimes x_i y_i = 0 .$$

Proposition 26.2. Soient B une A-algèbre, $\mathcal{A}$ une A-algèbre libre et π un épimorphisme de $\mathcal{A}$ sur B. Alors le B-module $\hat{\mathcal{A}}$ est indépendant de $\mathcal{A}$ et isomorphe à $H_2(A,B,B)$.

Démonstration. En vertu du corollaire 18.3, seul le cas $\mathcal{A} = A$ est à considérer. Si ce cas est démontré, on a en effet les égalités suivantes:

$$\hat{\mathcal{A}} \cong H_2(\mathcal{A},B,B) \cong H_2(A,B,B) .$$

Supposons donc que π est un épimorphisme de A sur B.

Considérons une résolution projective du A-module B:

$$A_* : \dots\dots \xrightarrow{d} A_1 \xrightarrow{d} A_0 = A \xrightarrow{\pi} B .$$

Il en découle une résolution projective du A-module I:

$$C_* : \dots\dots \xrightarrow{d} C_1 = A_2 \xrightarrow{d} C_0 = A_1 \xrightarrow{\epsilon} I .$$

Considérons enfin un homomorphisme

$$\phi : A_* \otimes_A^c A_* \longrightarrow A_*$$

qui prolonge l'isomorphisme canonique de $B \otimes_A B$ sur B. On peut supposer:

$$\phi_0(1\otimes 1) = 1 \quad \text{et} \quad \phi_1(a_1 \otimes 1) = a_1 = \phi_1(1 \otimes a_1) .$$

En voilà assez pour calculer le $\mathfrak{m}$-produit qui nous intéresse. Les $\mathrm{Tor}^A(B,B)$ seront définis à l'aide du complexe $B \otimes_A A_*$ et on utilisera également les $\mathrm{Tor}^A(B,I)$ définis par l'un des trois complexes suivants:

$$X_* = B \otimes_A C_*$$

$$Y_* = A_* \otimes_A^c C_*$$

$$Z_* = A_* \otimes_A I .$$

Grâce à Z_* on voit que Ker τ est égal à $\text{Tor}_1^A(B,I)$, c'est-à-dire à $\text{Tor}_2^A(B,B)$. Il faut donc démontrer que le sous-module $\text{Tor}_1^A(B,B)\cdot\text{Tor}_1^A(B,B)$ de $\text{Tor}_2^A(B,B)$ correspond au sous-module Im σ de $\text{Tor}_1^A(B,I)$.

Tous les éléments de $B \otimes_A A_1$ sont des 1-cycles de $B \otimes_A A_*$. Par conséquent $1 \otimes a_1$ et $1 \otimes b_1$, sans conditions sur a_1 et b_1, représentent deux éléments quelconques de $\text{Tor}_1^A(B,B)$. On obtient le $\pitchfork$-produit de ces derniers en prenant la classe du 2-cycle $1 \otimes \phi_2(a_1 \otimes b_1)$ de $B \otimes A_*$ (on est alors dans $\text{Tor}_2^A(B,B)$) ou la classe du 1-cycle $1 \otimes \phi_2(a_1 \otimes b_1)$ de X_* (on est alors dans $\text{Tor}_1^A(B,I)$). Mais les cycles suivants définissent le même élément de $\text{Tor}_1^A(B,I)$.

1-cycle $\quad 1 \otimes \phi_2(a_1 \otimes b_1)$ de X_*

1-cycle $\quad 1 \otimes \phi_2(a_1 \otimes b_1) - a_1 \otimes b_1 + b_1 \otimes a_1$ de Y_*

1-cycle $\quad - a_1 \otimes \epsilon b_1 + b_1 \otimes \epsilon a_1$ de Z_* .

En effet on a dans Y_*:

d'une part $\quad d(1 \otimes \phi_2(a_1 \otimes b_1)) = 1 \otimes d\phi_2(a_1 \otimes b_1) =$

$$1 \otimes \phi_1(da_1 \otimes b_1) - 1 \otimes \phi_1(a_1 \otimes db_1) = 1 \otimes da_1 \cdot b_1 - 1 \otimes db_1 \cdot a_1$$

d'autre part $\quad d(a_1 \otimes b_1) = da_1 \otimes b_1 = 1 \otimes da_1 \cdot b_1$.

Par conséquent dans le noyau de τ, on obtient l'élément $- \epsilon a_1 \otimes \epsilon b_1 + \epsilon b_1 \otimes \epsilon a_1$. On a donc démontré que par le $\pitchfork$-produit on obtient exactement le module engendré par les éléments de la forme $x \otimes y - y \otimes x$.

Il reste encore à démontrer le lemme utilisé dans la démonstration de la proposition 26.1. Le complexe L_* est défini au début du paragraphe 24.

Lemme 26.3. Le module $H_1(L_* \otimes_B W)$ est nul.

Démonstration. Notons par x_i les générateurs canoniques de K_1. Alors L_1 est l'idéal de $K_1 \otimes_B K_1$ engendré par les éléments de la forme suivante:

$$(x_i \otimes 1 - 1 \otimes x_i)\ (x_j \otimes x_k)$$

$$x_m \otimes x_n - x_n \otimes x_m$$

qui appartiennent bien à $K_1^+ \otimes_B K_1^+ \subset K_1 \otimes_B K_1$. Nous allons voir que $\tilde{\epsilon}_2^o - \tilde{\epsilon}_2^1 + \tilde{\epsilon}_2^2$ est un épimorphisme de $L_2 \otimes_B W$ sur $L_1 \otimes_B W$. Il suffit en fait de voir que $\tilde{\epsilon}_2^o - \tilde{\epsilon}_2^1 + \tilde{\epsilon}_2^2$ est un épimorphisme de L_2 sur L_1. A l'élément

$$(x_i \otimes 1 - 1 \otimes x_i)\ (x_j \otimes x_k) \cdot P$$

où P est un élément quelconque de $K_1 \otimes_B K_1$ associons l'élément

$$-\ (\tilde{\eta}_1^o\, x_i \otimes 1 - 1 \otimes \tilde{\eta}_1^o\, x_i)\ (\tilde{\eta}_1^o\, x_j \otimes \tilde{\eta}_1^1\, x_k) \cdot \tilde{\eta}_1^o\, P$$

qui appartient à L_2. Cet élément est envoyé par $\tilde{\epsilon}_2^o - \tilde{\epsilon}_2^1 + \tilde{\epsilon}_2^2$ sur l'élément dont on est parti puisque

$$\tilde{\epsilon}_2^1\, \tilde{\eta}_1^o\, x = x = \tilde{\epsilon}_2^1\, \tilde{\eta}_1^1\, x$$

$$\tilde{\epsilon}_2^2\, \tilde{\eta}_1^o\, x = \tilde{\eta}_o^o\, \tilde{\epsilon}_1^1\, x = \tilde{\eta}_o^o\, 0 = 0$$

$$\tilde{\epsilon}_2^o\, \tilde{\eta}_1^1\, x = \tilde{\eta}_o^o\, \tilde{\epsilon}_1^o\, x = \tilde{\eta}_o^o\, 0 = 0\,.$$

A l'élément

$$(x_m \otimes x_n - x_n \otimes x_m)\ P$$

on associe l'élément

$$-\ (\tilde{\eta}_1^o\, x_m \otimes \tilde{\eta}_1^1\, x_n - \tilde{\eta}_1^1\, x_n \otimes \tilde{\eta}_1^o\, x_m)\ \tilde{\eta}_1^o\, P$$

et on a le même résultat. Il est alors clair que $\tilde{\epsilon}_2^o - \tilde{\epsilon}_2^1 + \tilde{\epsilon}_2^2$ est un épimorphisme de L_2 sur L_1.

27. Anneaux réguliers. On sait qu'une des définitions possibles des anneaux réguliers fait intervenir la notion d'algèbre de polynômes; par conséquent il est normal de voir apparaître les

anneaux réguliers dans notre étude. En particulier on pourra considérer la longue suite exacte de la proposition 22.3 comme une généralisation du théorème des syzygies. Commençons par les anneaux locaux.

Proposition 27.1. Soient A un anneau local régulier et B son corps résiduel. Alors tous les groupes d'homologie

$$H_n(A,B,B) \quad \text{pour} \quad n \geq 2$$

sont nuls.

Démonstration. D'après le corollaire 23.9, il suffit de démontrer le résultat suivant

$$H_n(GA,B,B) = 0 \quad \text{pour} \quad n \geq 2$$

où GA est le gradué associé à A pour la filtration I-adique, I étant l'idéal maximal de A. Cette égalité découle du corollaire 18.3 et du fait que GA est une B-algèbre libre.

Voici la réciproque de cette proposition.

Proposition 27.2. Soient A un anneau local noethérien et B son corps résiduel. Si le groupe d'homologie $H_2(A,B,B)$ est nul, alors A est régulier.

Démonstration. On peut utiliser un résultat d'Eilenberg [Ta] et la proposition 26.1. Je veux donner ici une autre démonstration avec les moyens dont nous disposons, car le principe pourrait être utilisable dans d'autres situations.

Soit $(x_1, x_2, \ldots, x_r)$ un système minimal de générateurs de l'idéal maximal I de A. Notons par (n, r) le nombre des monômes

$$x_1^{\alpha_1} x_2^{\alpha_2} \ldots x_r^{\alpha_r} \quad \text{avec} \quad \alpha_1 + \alpha_2 + \ldots + \alpha_r = n .$$

On va démontrer par induction sur n l'égalité suivante:

$$(*) \qquad \dim_B I^n/I^{n+1} = (n, r) .$$

Il s'ensuit alors que l'algèbre graduée GA est une algèbre de polynômes sur B et par conséquent que A est un anneau local régulier. Considérons l'anneau

$$A\left[X_1, X_2, \ldots, X_r\right] = \tilde{A}$$

ainsi que l'idéal J engendré par les X_i. On a un homomorphisme naturel de $\tilde{A}$ sur A qui envoie X_i sur x_i. Ceci étant, commençons la démonstration par induction. Pour n = 1, l'égalité * a lieu car les images de x_i dans I/I^2 forment une base de cet espace vectoriel sur A/I. Faisons maintenant le passage de n - 1 à n avec $n \geqslant 2$. Pour cela, considérons le carré commutatif suivant:

$$\begin{array}{ccc} \tilde{A}/J^n & \longrightarrow & \tilde{A}/J \\ \downarrow & & \downarrow \\ A/I^n & \longrightarrow & A/I \end{array}$$

avec la filtration J-adique. Il en découle un homomorphisme des deux suites spectrales correspondantes (proposition 23.10); écrivons simplement

$$(\tilde{A}/J^n, \tilde{A}/J, B) \longrightarrow (A/I^n, A/I, B) .$$

Nous allons voir qu'il s'agit d'un isomorphisme de suites spectrales convergentes. Il suffit de le vérifier au niveau des termes E^1. En ce qui concerne les anneaux gradués respectifs, nous avons le carré commutatif suivant:

$$\begin{array}{ccc} \tilde{A}/J^n & \longrightarrow & \tilde{A}/J \cong A \\ \downarrow & & \downarrow \\ A/I \oplus I/I^2 \oplus \ldots\ldots I^{n-1}/I^n & \longrightarrow & A/I \end{array}$$

ou encore en vertu de l'hypothèse d'induction:

$$\begin{array}{ccc} \tilde{A}/J^n & \longrightarrow & A \\ \downarrow & & \downarrow \\ \tilde{A}/J^n \otimes_A A/I & \longrightarrow & A/I \end{array}$$

Il suffit donc de démontrer que l'homomorphisme

$$H_k(\tilde{A}/J^n, A, A/I) \longrightarrow H_k(\tilde{A}/J^n \otimes_A A/I, A/I, A/I)$$

est un isomorphisme pour tout k. C'est immédiat en vertu de la proposition 19.6 car A et $\tilde{A}/J^n$ sont des A-modules libres. Les deux suites spectrales sont donc isomorphes et l'on a en particulier l'égalité suivante:

$$H_2(\tilde{A}/J^n, \tilde{A}/J, B) \cong H_2(A/I^n, A/I, B) .$$

Mais on a

$$H_2(\tilde{A}, \tilde{A}/J, B) = 0 = H_2(A, A/I, B) .$$

Par conséquent en vertu de la proposition 25.3

$$J^n/J^{n+1} \otimes_A A/I \cong I^n/I^{n+1}$$

autrement dit

$$\dim_B I^n/I^{n+1} = (n, r)$$

ce qu'il fallait démontrer.

Lorsque A est en outre une algèbre sur un corps parfait K, on a l'égalité

$$H_n(K, A/I, A/I) = 0 \quad \text{avec} \quad n \geq 1 .$$

Par conséquent on a l'isomorphisme suivant pour $n \geq 1$:

$$H_{n+1}(A, B, B) \cong H_n(K, A, B) .$$

En particulier A est régulier si et seulement si

$$H_1(K, A, B) = 0 .$$

On retrouve donc un résultat de Harrison [Ha] car en dimensions 0 et 1 les groupes d'homologie sont les mêmes dans les deux théories.

Considérons maintenant le cas plus général des anneaux noethériens, locaux ou non. Compte tenu des résultats du paragraphe 26, on peut écrire les propositions précédentes sous la forme globale suivante.

Proposition 27.3 Soit A un anneau noethérien. Alors A est régulier si et seulement si, pour tout idéal maximal I, la suite suivante est exacte:

$$I \otimes_A I \xrightarrow{\tau} I \otimes_A I \xrightarrow{\pi} I$$

avec

$$\tau(x \otimes y) = x \otimes y - y \otimes x$$

$$\pi(x \otimes y) = xy$$

Démonstration. L'anneau A est régulier si et seulement si les anneaux locaux A_I le sont, autrement dit si et seulement si

$$H_2(A_I, A/I, A/I) \cong H_2(A, A/I, A/I)$$

est nul pour tout I maximal. On conclut au moyen de la proposition 26.2.

Il est temps maintenant de montrer comment la longue suite exacte de la proposition 22.3 est une généralisation du théorème des syzygies: voir [No]'.

Proposition 27.4. Soient A un anneau noethérien et B une A-algèbre de type fini. Soit J un idéal premier de B au-dessus d'un idéal I de A. Les anneaux locaux A_I et B_J sont liés entre eux par les relations suivantes:

1) si A_I est régulier et si $H_1(A,B,W)$ est nul pour tout W, alors B_J est régulier;
2) si B_J est régulier et si $H_2(A,B,W)$ est nul pour tout W, alors A_I est régulier.

Démonstration. Si KA_I et KB_J désignent les corps résiduels des deux anneaux locaux en question, il suffit d'utiliser la suite exacte suivante:

$$H_2(A,B,KB_J) \longrightarrow H_2(A_I,KA_I,KA_I) \otimes_{KA_I} KB_J$$

$$\longrightarrow H_2(B_J,KB_J,KB_J) \longrightarrow H_1(A,B,KB_J)$$

(proposition 22.3).

En particulier $H_1(A,B,W)$ et $H_2(A,B,W)$ sont nuls si B est une A-algèbre de polynômes. Signalons aussi, dans le même ordre d'idées, que l'on peut retrouver le résultat de [Ma] à l'aide d'une suite exacte. La longue suite exacte de la proposition 22.3 nous donne encore le résultat suivant:

Proposition 27.5. Soient A un anneau régulier, B un anneau régulier muni d'une structure de A-algèbre, F un corps muni d'une structure de B-algèbre et W un espace vectoriel sur F. Alors l'égalité suivante a lieu

$$H_n(A,B,W) = 0 \quad \text{pour} \quad n \geq 2 .$$

Démonstration. Soient I le noyau de l'homomorphisme de A dans F et J le noyau de l'homomorphisme de B dans F. Considérons le corps résiduel KA_I de l'anneau local régulier A_I, c'est-à-dire le corps des fractions de A/I, qui peut être identifié à un sous-corps de F. Identifions de même KB_J à un sous-corps de F. Considérons alors W comme un espace vectoriel sur KB_J. Il est immédiat que la proposition 22.3 donne le résultat recherché.

On peut compléter ce résultat de la manière suivante.

Proposition 27.6. Soient A un anneau régulier, B un anneau régulier muni d'une structure de A-algèbre de type fini et W un B-module. Alors l'égalité suivante a lieu

$$H_n(A,B,W) = 0 \quad \text{pour} \quad n \geq 2 .$$

Démonstration. Ce résultat est une conséquence immédiate de la proposition précédente et du lemme suivant.

Lemme 27.7. Soient A un anneau noethérien, B une A-algèbre de type fini et n≥o. Si pour tout idéal maximal J de B l'espace vectoriel $H_n(A,B,B/J)$ est nul, alors pour tout B-module W, le module $H_n(A,B,W)$ est nul.

Démonstration. On fait la démonstration en plusieurs étapes.

1) W est non seulement un B-module, mais encore un B_J-module de type fini, J étant un idéal maximal de B. Supposons $H_n(A,B,W)$ non nul et établissons une contradiction. Soit W' un sous-B_J-module maximal de W avec $H_n(A,B,W/W')$ non nul. Il en existe un car W est un module de type fini sur l'anneau noethérien B_J. Soit encore W" le sous-B_J-module de W des éléments w avec wJ contenu dans W'. On a une suite exacte courte

$$0 \longrightarrow W''/W' \longrightarrow W/W' \longrightarrow W/W'' \longrightarrow 0$$

d'où l'on tire une suite exacte

$$H_n(A,B,W''/W') \longrightarrow H_n(A,B,W/W') \longrightarrow H_n(A,B,W/W'') .$$

Mais W"/W' est non seulement un B_J-module mais encore un espace vectoriel sur B/J; par conséquent, selon l'hypothèse, $H_n(A,B,W''/W')$ est nul. De la suite exacte découle alors que $H_n(A,B,W/W'')$ n'est pas nul. Vu le caractère maximal de W', il s'ensuit que W' et W" sont égaux. Ainsi l'idéal maximal JB_J de B_J n'est pas associé à W/W'. Par conséquent il existe un élément m de cet idéal pour lequel $W/W' \xrightarrow{m} W/W'$ est un monomorphisme [Se] ' I.19. On a donc une suite exacte

$$H_n(A,B,W/W') \xrightarrow{m} H_n(A,B,W/W') \longrightarrow H_n(A,B,W/mW+W') .$$

Puisque m induit un monomorphisme, mW+W' est plus grand que W'. Par suite $H_n(A,B,W/mW+W')$ est nul. Ainsi

$$m\, H_n(A,B,W/W') = H_n(A,B,W/W') .$$

Mais $H_n(A,B,W/W')$ est un B_J-module de type fini (corollaire 17.3 légèrement généralisé). Donc d'après le lemme de Nakayama, $H_n(A,B,W/W')$ est nul, d'où une contradiction, ce qu'il fallait obtenir.

2) W est un B-module de type fini. On sait que $H_n(A,B,W)$ est un B-module de type fini (corollaire 17.3). Il suffit donc de démontrer que pour tout idéal maximal J de B on a $H_n(A,B,W)_J = 0$, c'est-à-dire $H_n(A,B,W_J) = 0$ (proposition 20.4). Mais alors W_J est un B_J-module de type fini; on retombe ainsi sur le cas précédent.

3) W est un B-module quelconque. On utilise le résultat précédent et la proposition 16.4 avec l'ensemble filtrant des sous-modules de type fini de W.

28. Dimension simpliciale. Le paragraphe précédent nous a montré que nous allions dans une bonne direction. Cette impression est confirmée par les résultats suivants en dimension 3. Je me permets de les donner sans démonstration; en fait il ne s'agit que d'améliorer la technique du paragraphe 24.

Proposition 28.1. Soit $\pi : A \longrightarrow B$ un épimorphisme d'anneaux. Alors il existe une suite exacte:

$$\mathrm{Tor}_3^A(B,B)/\mathrm{Tor}_2^A(B,B)\cdot\mathrm{Tor}_1^A(B,B) \longrightarrow H_3(A,B,B) \longrightarrow$$

$$\mathrm{Tor}_1^A(B,B)\wedge\mathrm{Tor}_1^A(B,B) \longrightarrow \mathrm{Tor}_2^A(B,B) \longrightarrow H_2(A,B,B) \longrightarrow 0 .$$

Dans le cas local, on obtient un résultat plus complet.

Proposition 28.2. Soient A un anneau local noethérien et B son corps résiduel. Alors l'homomorphisme canonique

$$\mathrm{Tor}_3^A(B,B)/\mathrm{Tor}_2^A(B,B)\cdot\mathrm{Tor}_1^A(B,B) \longrightarrow H_3(A,B,B)$$

est un isomorphisme.

Il ne faut pas croire que, dans le cas local, la situation est aussi simple en dimension supérieure. Ainsi en général

$$\mathrm{Tor}_4^A(B,B)/\mathrm{Tor}_3^A(B,B)\cdot\mathrm{Tor}_1^A(B,B) + \mathrm{Tor}_2^A(B,B)\cdot\mathrm{Tor}_2^A(B,B)$$

n'est pas isomorphe à $H_4(A,B,B)$: par exemple Z/4Z (les entiers rationnels pris modulo 4) est un anneau local avec la dimension 1 pour le premier espace vectoriel et la dimension 0 pour le deuxième.

Notons encore le résultat suivant.

Proposition 28.3. Soient A un anneau local noethérien et B son corps résiduel, avec la condition

$$H_3(A,B,B) = 0 .$$

Alors on a les égalités suivantes

$$H_n(A,B,B) = 0 \quad \text{pour tout} \quad n \geq 3 .$$

En outre si A est le quotient d'un anneau local régulier, il s'agit d'une intersection complète.

Ceci étant admis, résumons ce que nous savons dans le cas local en basses dimensions. On considère donc toujours un anneau local noethérien A et son corps résiduel B et l'on a:

$$H_1(A,B,B) \cong \mathrm{Tor}_1^A(B,B)$$

$$H_2(A,B,B) \cong \mathrm{Tor}_2^A(B,B)/\mathrm{Tor}_1^A(B,B)\cdot\mathrm{Tor}_1^A(B,B)$$

$$H_3(A,B,B) \cong \mathrm{Tor}_3^A(B,B)/\mathrm{Tor}_2^A(B,B)\cdot\mathrm{Tor}_1^A(B,B) .$$

Posons en outre

$$\beta_k = \dim \mathrm{Tor}_k^A(B,B) \qquad \text{k-ième nombre de Betti}$$

$$\delta_k = \dim H_k(A,B,B) \qquad \text{k-ième déviation} .$$

On sait [Ta] [As] que l'algèbre extérieure $\Lambda \mathrm{Tor}_1^A(B,B)$ est isomorphe à une sous-algèbre de $\mathrm{Tor}_*^A(B,B)$ et que par rapport à cette sous-algèbre, $\mathrm{Tor}_*^A(B,B)$ possède une base homogène. Par conséquent on peut écrire les trois isomorphismes ci-dessus sous la forme suivante:

$$\delta_1 = \beta_1$$

$$\delta_2 = \beta_2 - \binom{\beta_1}{2}$$

$$\delta_3 = \beta_3 - \beta_1 \delta_2 - \binom{\beta_1}{3} .$$

Les nombres δ_2 et δ_3 sont connus: voir par exemple [Sc] où $\delta_2 = \epsilon_1$ (erste Abweichung) et $\delta_3 = \epsilon_2$ (zweite Abweichung). On peut donc estimer avoir obtenu avec les δ_k une bonne généralisation de ces deux nombres déjà étudiés. Je ne sais pas si δ_k est nul pour k grand. Si oui, que vaut la caractéristique:

$$\chi A = \sum (-1)^{k+1} \delta_k A .$$

La dimension de Krull de A?

Introduisons maintenant la notion de <u>dimension simpliciale.</u> Soit encore A un anneau local et posons la définition suivante:

$$(\text{s-dim } A \leqslant n) \Longleftrightarrow (\delta_k A = 0 \quad \text{pour tout} \quad k > n) .$$

Ainsi les anneaux locaux noethériens de s-dim $\leqslant 1$ sont les corps, ceux de s-dim $\leqslant 2$ sont les anneaux locaux réguliers. En s-dim $\leqslant 3$, on rencontre les intersections complètes. Notons l'isomorphisme suivant qui peut être utile pour calculer $\delta_k A$ avec $k \geqslant 3$:

$$H_k(A,B,B) \cong H_{k-1}(Z,A,B)$$

où B est le corps résiduel de A et Z l'anneau des entiers rationnels (proposition 27.5).

Voici trois résultats généralisant des faits bien connus concernant les anneaux réguliers.

<u>Proposition 28.4.</u> <u>Soient</u> A <u>un anneau local noethérien et</u> $\hat{A}$ <u>son complété. Alors on a</u>

$$\text{s-dim } A = \text{s-dim } \hat{A} .$$

<u>Démonstration.</u> Immédiate en vertu de la proposition 21.1.

Proposition 28.5. Soient A un anneau et B une A-algèbre. Soit J un idéal premier de B au-dessus d'un idéal I de A. Les anneaux locaux A_I et B_J sont liés entre eux par les relations suivantes:

1) si s-dim $A_I \leq n$ et si $H_k(A,B,W)$ est nul pour tout W et tout $k \geq n-1$, alors s-dim $B_J \leq n$;
2) si s-dim $B_J \leq n$ et si $H_k(A,B,W)$ est nul pour tout W et tout $k \geq n$, alors s-dim $A_I \leq n$.

Démonstration. Analogue à celle de la proposition 27.4.

Proposition 28.6. Soient A un anneau local (quotient d'un anneau régulier) et I un idéal premier de A. Si s-dim $A \leq n$, alors s-dim $A_I \leq n$.

Il serait bon de pouvoir se débarasser de la condition "quotient d'un anneau régulier" et considérer un anneau local noethérien quelconque. Remarquons que tout anneau local noethérien complet est le quotient d'un anneau régulier [Co].

Démonstration. Si n = 2, on sait que A régulier entraîne A_I régulier: voir par exemple [Se] ' IV-41. Supposons donc $n \geq 3$. Notons par B et C les corps résiduels des anneaux locaux A et A_I. Il faut vérifier l'implication suivante pour $k \geq 3$:

$$H_k(A,B,B) = 0 \quad \Longrightarrow \quad H_k(A_I,C,C) = 0 .$$

Soit R un anneau régulier au-dessus de A. Alors on a la suite d'implications suivantes:

$$\begin{array}{lll}
H_k\;(A,B,B) = 0 & \Longrightarrow & \text{(propositions 27.5 et 18.2)} \\
H_{k-1}(R,A,B) = 0 & \Longrightarrow & \text{(lemme 27.7)} \\
H_{k-1}(R,A,C) = 0 & \Longrightarrow & \text{(proposition 20.3)} \\
H_{k-1}(R,A_I,C) = 0 & \Longrightarrow & \text{(proposition 27.5 et 18.2)} \\
H_k\;(A_I,C,C) = 0 & & \text{ce qu'il fallait démontrer .}
\end{array}$$

Pour un anneau noethérien quelconque A, on définit la dimension simplicialede la manière suivante: (s-dim $A \leq n$) $\Longleftrightarrow$ (s-dim $A_I \leq n$ pour tout idéal maximal I). En particulier A et A [x] ont la même dimension simpliciale.

BIBLIOGRAPHIE

[Ap] H.W.APPELGATE. Acyclic models and resolvent functors. Thesis Columbia University (1965).

[As] E.F.ASSMUS. On the homology of local rings. Illinois J. Math., 3 (1959) 187-199.

[Ba] M.BARR. Shukla cohomology and triples. Miméographié (1965).

[Be] J.BECK. Triples and cohomology. Thesis Columbia University (1965).

[Bo] N.BOURBAKI. Algèbre commutative Ch. I et II. Hermann, Paris (1961).

[Bo]' N.BOURBAKI. Algèbre commutative Ch. III et IV. Hermann, Paris (1962).

[Bo]" N.BOURBAKI. Algèbre Ch. VIII. Hermann, Paris (1964).

[BB] M.BARR-J.BECK. Acyclic models and triples. Miméographié (1965).

[Ca] H.CARTAN. Quelques questions de topologie. Sém. Ecole Norm. Sup., (1956-1957), exposé 1.

[Co] I.S.COHEN. On the structure and ideal theory of complete local fields. Trans. Amer. Math. Soc., 59 (1946) 54-106.

[CC] H.CARTAN-C.CHEVALLEY. Géométrie algébrique. Sém. Ecole Norm. Sup., (1955-1956), exposé 13.

[CE] H.CARTAN-S.EILENBERG. Homological algebra. Princeton University Press, Princeton (1956).

[CR] S.U.CHASE-A.ROSENBERG. Amitsur cohomology and the Brauer group. Mem. Amer. Math. Soc., 52 (1965).

[De] R.DEHEUVELS. Homologie des ensembles ordonnés. Bull. Soc. Math. France, 90 (1962) 261-321.

[Do] A.DOLD. Relations between ordinary and extraordinary homology. Colloquium on algebraic topology, Aarhus (1962).

[Do]' A.DOLD. Les foncteurs dérivés d'un foncteur non-additif. Sém. Bourbaki, 170 (1958).

[DP] A.DOLD-D.PUPPE. Homologie nicht-additiver Funktoren. Ann. Inst. Fourier, 11 (1961) 201-312.

[EM] S.EILENBERG-J.C.MOORE. Adjoint functors and triples. Illinois J. Math., 9 (1965) 381-398.

[EM]' S.EILENBERG-J.C.MOORE. Foundations of relative homological algebra. Mem. Amer. Math. Soc., 55 (1965).

[EMl] S.EILENBERG-S.MacLANE. Acyclic models. Amer. J. Math., 75 (1953) 189-199.

[ES] S.EILENBERG-N.STEENROD. Foundations of algebraic topology. Princeton University Press, Princeton (1952).

[Ga] P.GABRIEL. Des catégories abéliennes. Bull. Soc. Math. France, 90 (1962) 323-448.

[Go] R.GODEMENT. Théorie des faisceaux. Hermann, Paris (1958).

[Gr] A.GROTHENDIECK. Eléments de géométrie algébrique IV lère partie. Institut des Hautes Etudes Scientifiques, Paris (1964).

[GM] V.GUGGENHEIM-J.C.MOORE. Acyclic models and fiber spaces. Trans. Amer. Math. Soc., 85 (1957) 265-306.

[Ha] D.K.HARRISON. Commutative algebras and cohomology. Trans. Amer. Math. Soc., 104 (1962) 191-204.

[Ka] D.KAN. A combinatorial definition of homotopy groups. Ann. of Math., 67 (1958) 282-312.

[La] F.W.LAWVERE. Functorial semantics of algebraic theories Proc. Nat. Acad. Sci. USA, 50 (1963) 869-872.

[Ma] G.MAURY. Théorème de transfert de propriétés de l'anneau A à l'anneau $A[\theta]$ extension simple entière de A. C.R. Acad. Sci. Paris, 256 (1963) 5024-5027.

[Mi] B.MITCHELL. Theory of categories. Academic Press, New York (1965).

[Ml] S.MacLANE. Locally small categories and the foundations of set theory. Infinistic methods, Varsovie (1959).

[Ml]' S.MacLANE. Homology. Springer Verlag, Berlin (1963).

[Ml]" S.MacLANE. Categorical algebra.
Bull. Amer. Math. Soc., 71 (1965) 40-104.

[Mo] J.C.MOORE. Seminar on algebraic homotopy theory.
Miméographié (1956).

[Na] M.NAGATA. Local rings.
Interscience Publishers, New York (1962).

[Nk] Y.NAKAI. On the theory of differentials in commutative rings. J. Math. Soc. Japan, 13 (1961) 63-84.

[Nö] G.NOEBELING. Ueber die Derivierten des inversen und des direkten Limes einer Modulfamilie. Topology, 1 (1962) 47-61.

[No] D.G.NORTHCOTT. Ideal theory.
Cambridge University Press, Cambridge (1960).

[No]' D.G.NORTHCOTT. A note on polynomials rings.
J. London Math. Soc., 33 (1958) 36-39.

[Ro] J.E.ROOS. Sur les foncteurs dérivés de lim.
C.R. Acad. Sci. Paris, 252 (1961) 3702-3704.

[Sc] G.SCHEJA. Bettizahlen lokaler Ringe.
Math. Ann., 155 (1964) 155-172.

[Se] J.P.SERRE. Homologie singulière des espaces fibrés.
Ann. of Math., 54 (1951) 425-505.

[Se]' J.P.SERRE. Algèbre locale. Multiplicités.
Lectures notes, Springer Verlag, Berlin (1965).

[Sh] U.SHUKLA. Cohomologie des algèbres associatives.
Ann. Sci. Ecole Norm. Sup., 78 (1961) 163-209.

[Ta] J.TATE. Homology of noetherian rings and local rings.
Illinois J. Math., 1 (1957) 14-27.

[We] A.I.WEINZWEIG. Fibre spaces and fibre homotopy equivalence.
Colloquium on algebraic topology, Aarhus (1962).

[Zi] M.ZISMAN. Quelques propriétés des fibrés au sens de Kan.
Ann. Inst. Fourier, 10 (1960) 345-458.

Offsetdruck: Julius Beltz, Weinheim/Bergstr

Lecture Notes in Mathematics

Bisher erschienen/Already published

Vol. 1: J. Wermer, Seminar über Funktionen-Algebren, IV, 30 Seiten. 1964. DM 3,80

Vol. 2: A. Borel, Cohomologie des espaces localement compacts d'après J. Leray. IV, 93 pages. 1964. DM 9,–

Vol. 3: J. F. Adams, Stable Homotopy Theory. 2nd. revised edition. IV, 78 pages. 1966. DM 7,80

Vol. 4: M. Arkowitz and C. R. Curjel, Groups of Homotopy Classes. 2nd. revised edition. IV, 36 pages. 1967. DM 4,80

Vol. 5: J.-P. Serre, Cohomologie Galoisienne. Troisième édition. VIII, 214 pages. 1965. DM 18,–

Vol. 6: H. Hermes, Eine Termlogik mit Auswahloperator. IV, 42 Seiten. 1965. DM 5,80

Vol. 7: Ph. Tondeur, Introduction to Lie Groups and Transformation Groups. VIII, 176 pages. 1965. DM 13,50

Vol. 8: G. Fichera, Linear Elliptic Differential Systems and Eigenvalue Problems. IV, 176 pages. 1965. DM 13.50

Vol. 9: P. L. Ivănescu, Pseudo-Boolean Programming and Applications. IV, 50 pages. 1965. DM 4,80

Vol. 10: H. Lüneburg, Die Suzukigruppen und ihre Geometrien. VI, 111 Seiten. 1965. DM 8,–

Vol. 11: J.-P. Serre, Algèbre Locale. Multiplicités. Rédigé par P. Gabriel. Seconde édition. VIII, 192 pages. 1965. DM 12,–

Vol. 12: A. Dold, Halbexakte Homotopiefunktoren. II, 157 Seiten. 1966. DM 12,–

Vol. 13: E. Thomas, Seminar on Fiber Spaces. VI, 45 pages. 1966. DM 4,80

Vol. 14: H. Werner, Vorlesung über Approximationstheorie. IV, 184 Seiten und 12 Seiten Anhang. 1966. DM 14,–

Vol. 15: F. Oort, Commutative Group Schemes. VI, 133 pages. 1966. DM 9,80

Vol. 16: J. Pfanzagl and W. Pierlo, Compact Systems of Sets. IV, 48 pages. 1966. DM 5,80

Vol. 17: C. Müller, Spherical Harmonics. IV, 46 pages. 1966. DM 5,–

Vol. 18: H.-B. Brinkmann und D. Puppe, Kategorien und Funktoren. XII, 107 Seiten. 1966. DM 8,–

Vol. 19: G. Stolzenberg, Volumes, Limits and Extensions of Analytic Varieties. IV, 45 pages. 1966. DM 5,40

Vol. 20: R. Hartshorne, Residues and Duality. VIII, 423 pages. 1966. DM 20,–

Vol. 21: Seminar on Complex Multiplication. By A. Borel, S. Chowla, C. S. Herz, K. Iwasawa, J-P. Serre. IV, 102 pages. 1966. DM 8,–

Vol. 22: H. Bauer, Harmonische Räume und ihre Potentialtheorie. IV, 175 Seiten. 1966. DM 14,–

Vol. 23: P. L. Ivănescu and S. Rudeanu, Pseudo-Boolean Methods for Bivalent Programming. 120 pages. 1966. DM 10,–

Vol. 24: J. Lambek, Completions of Categories. IV, 69 pages. 1966. DM 6,80

Vol. 25: R. Narasimhan, Introduction to the Theory of Analytic Spaces. IV, 143 pages. 1966. DM 10,–

Vol. 26: P.-A. Meyer, Processus de Markov. IV, 190 pages 4°. 1967. Broché DM 15,–

Vol. 27: H. P. Künzi und S.T. Tan, Lineare Optimierung großer Systeme. VI, 121 Seiten. 1966. DM 12,–

Vol. 28: P. E. Conner and E. E. Floyd, The Relation of Cobordism to K-Theories. VIII, 112 pages. 1966. DM 9.80

Vol. 29: K. Chandrasekharan, Einführung in die Analytische Zahlentheorie. VI, 199 Seiten. 1966. DM 16.80

Vol. 30: A. Fröhlicher and W. Bucher, Calculus in Vector Spaces without Norm. X, 146 pages. 1966. DM 12,–

Vol. 31: Symposium on Probability Methods in Analysis. Chairman: D.A.Kappos. IV, 329 pages. 1967. DM 20,–